Mechanistische Untersuchungen zur heterogen-katalysierten oxidativen Carbonylierung von Methanol zu Dimethylcarbonat

Mechanistische Untersuchungen zur heterogen-katalysierten oxidativen Carbonylierung von Methanol zu Dimethylcarbonat

DISSERTATION

zur

Erlangung des akademischen Grades

doctor rerum naturalium (Dr. rer. nat.)

der Mathematisch-Naturwissenschaftlichen Fakultät

der Universität Rostock

vorgelegt von:

M. Sc. Jana Engeldinger

geb. am 24.07.1980 in Königs Wusterhausen

Bibliografische Information der Deutschen Nationalbibliothek

Die Deutsche Nationalbibliothek verzeichnet diese Publikation in der Deutschen Nationalbibliografie; detaillierte bibliografische Daten sind im Internet über http://dnb.d-nb.de abrufbar.

1. Aufl. - Göttingen : Cuvillier, 2012

Zugl.: Rostock, Univ., Diss., 2012

978-3-95404-169-5

1. Gutachter

Professor Dr. Angelika Brückner

Leibniz Institut für Katalyse e.V. an der Universität Rostock

2. Gutachter

Professor Dr. Erhard Kemnitz

Mathematisch-Naturwissenschaftliche Fakultät I

Humboldt Universität zu Berlin

Tag des wissenschaftlichen Kolloqiums: 10.07.2012

Nonnenstieg 8, 37075 Göttingen

Telefon: 0551-54724-0

Telefax: 0551-54724-21

www.cuvillier.de

1. Auflage, 2012

Gedruckt auf säurefreiem Papier

978-3-95404-169-5

Meiner lieben Familie in Dankbarkeit gewidmet.

So eine Arbeit wird eigentlich nie fertig.

Man muss sie für fertig erklären,

wenn man nach Zeit und Umständen das Mögliche getan hat.

Johann Wolfgang von Goethe (1749 – 1832)

Inhalt

Vorwort

Die vorliegende Arbeit wurde im Zeitraum von Dezember 2007 bis Oktober 2011 am Leibniz-Institut für Katalyse e. V. an der Universität Rostock in den Forschungsbereichen „Katalytische in situ-Studien“ und „Heterogen-katalytische Verfahren“ unter der Betreuung von Prof. Dr. Angelika Brückner und Dr. Andreas Martin angefertigt.

Dem Leibniz-Institut für Katalyse danke ich für die Ermöglichung dieser Arbeit und der „Deutschen Forschungsgemeinschaft“ (DFG) für die Finanzierung des Projekts.

Den Forschungsbereichsleitern Herrn Dr. Andreas Martin und Frau Prof. Dr. Angelika Brückner danke ich für das interessante Forschungsthema sowie die Bereitstellung des Arbeitsplatzes und den Mitarbeitern beider Forschungsbereiche danke ich sehr für die freundliche Aufnahme sowie die herzliche Atmosphäre in den Gruppen. Prof. Dr. Ralf Ludwig danke ich für die akademische Betreuung und für die Unterstützung bei der Zulassung zur Promotion.

Besonders bedanken möchte ich mich bei Frau Dr. Ursula Bentrup und Herrn Dr. Manfred Richter für die hervorragende Betreuung, die konstruktiven und hilfreichen Diskussionen, die Unterstützung und die Motivation, die einen wesentlichen Beitrag zum Gelingen dieser Arbeit leisteten. Während mir Manfred Richter mit Rat und Tat auf den Gebieten der heterogenen Katalyse zur Seite stand, konnte ich bei Frau Dr. Ursula Bentrup auf ihren reichhaltigen Erfahrungsschatz auf dem Gebiet der in situ Spektroskopie vertrauen.

Die praktischen Erfahrungen und das theoretische Wissen von Herrn Reinhard Eckelt waren sowohl auf dem Gebiet der Zeolithe, der oxidativen Carbonylierung von Methanol, als auch bei technischen Problemen mit der Gasversorgungsstation von unschätzbarem Wert. Ich danke Ihm auch für die durchgeführten BET-Messungen und die katalytischen Testungen. Eine sehr große Hilfe war das umfangreiche Wissen und die Praxis zu allen Fragestellungen der Massenspektrometrie von Herrn Dr. Michael Bartoszek.

Für die analytischen Untersuchungen der Katalysatoren danke ich folgenden Personen: Frau Waltraud Winkler für die XRD-Messungen, Frau Anja Simmula für die ICP-Untersuchungen, Herrn Dr. Jörg Radnik für die XPS-Analysen und Herrn Ulrich Marx für die ESR-Messungen. Eine große Hilfe waren auch die Mitarbeiter der institutseigenen Werkstatt die nahezu alle konstruktiven Wünsche bezüglich der Apparatur erfüllen konnte.

Schließlich danke ich auch meiner Familie und meinen Freunden für deren Unterstützung.

Zusammenfassung

Für die Mechanismus-Aufklärung der heterogen-katalysierten oxidativen Carbonylierung von Methanol (MeOH) zu Dimethylcarbonat (DMC) an Cu-haltigen Y-Zeolithen wurde eine neuartige *operando* DRIFTS/UV-vis-DRS/MS Methodenkopplung entwickelt und eingesetzt, mit der simultane Informationen bezüglich der an der Katalysatoroberfläche adsorbierten Spezies und ihrer Veränderungen während der Reaktion (DRIFTS) sowie Veränderungen des Oxidationszustandes und der Koordinationssphäre der katalytisch aktiven Cu-Spezies (UV-Vis-DRS) erhältlich sind, wobei gleichzeitig die Analyse der gasförmigen Produkte mittels MS erfolgt.

Die Wechselwirkung der Katalysatoren mit den verschiedenen Reaktanden und Reaktand-Mischungen (O_2, CO, CO/O_2, $MeOH/O_2$, MeOH/CO, $MeOH/CO/O_2$) wurde im Detail untersucht. Durch die Verwendung von $^{16}O_2/^{18}O_2$- und $^{12}CO/^{13}CO$-haltigen Gasmischungen konnte anhand des transienten Verlaufs des Isotopenaustauschs in Edukten und Produkten zwischen aktiven und nicht aktiven Spezies unterschieden werden.

DMC wird über Monodentat-Monomethylcarbonat (MMC) als Intermediat gebildet, welches durch Wechselwirkung von am selben Cu^+-Zentrum adsorbiertem Methoxid und CO entsteht und mit Methanol zu DMC weiterreagiert. Der erforderliche Oxidationsschritt zur MMC-Bildung erfolgt unter Beteiligung von Gittersauerstoff aus CuO_x-Spezies, während der dabei partiell reduzierte Katalysator durch Gasphasensauerstoff re-oxidiert wird. Adsorbierte Bidentat-MMC-Spezies sind inaktiv. Unselektive Oxidationsreaktionen von MeOH und CO führen zur Bildung von Nebenprodukten wie Methylformiat, Dimethoxymethan und CO_2.

Schlagworte: Oxidative Carbonylierung, CuY-Zeolithe, Dimethylcarbonat, Reaktionsmechanismus, Operando-Spektroskopie, Operando-SSITKA/DRIFTS/UV-Vis-DRS/MS

Abstract

For elucidating the reaction mechanism of the oxidative gas phase carbonylation of methanol (MeOH) to dimethyl carbonate (DMC) over CuY zeolites a new *operando* DRIFTS/UV-Vis-DRS/MS setup was developed and used enabling simultaneous information concerning the nature of adsorbates and their changes during reaction (DRIFTS) and the changes of oxidation state and coordination sphere of the catalytically active Cu species (UV-Vis-DRS) where the gaseous products are analyzed at the same time by MS.

The interaction of the catalysts with different reactants and reactant mixtures (O_2, CO, CO/O_2, MeOH/O_2, MeOH/CO, MeOH/CO/O_2) was studied in detail. By using $^{16}O_2/^{18}O_2$ and $^{12}CO/^{13}CO$ containing gas mixtures the transient isotopic exchange of reactants and products were monitored which allowed the discrimination between active and spectator species.

DMC is produced via a monodentate monomethyl carbonate (MMC) species as intermediate, forming by interaction of adsorbed methoxide and CO at the same Cu^+ site, which consecutively reacts with methanol to DMC. Lattice oxygen supplied by CuO_x species is involved in the required oxidation step for DMC formation while the gas phase oxygen is needed to re-oxidize the partially reduced catalyst. Adsorbed bidentate MMC species were found to be inactive. Unselective oxidation reactions of MeOH and CO cause the formation of by-products like methyl formate, dimethoxy methane and CO_2.

Keywords: Oxidative carbonylation, CuY zeolites, Dimethyl carbonate, Reaction mechanism, Operando spectroscopy, Operando DRIFTS/UV-Vis-DRS/MS

1 Einleitung

1.1 Motivation und Zielsetzung

Das Interesse an der „grünen" Chemikalie Dimethylcarbonat (DMC) (Abb. 1-1) hat wegen seiner umweltfreundlichen Eigenschaften wie niedrige Toxizität und Bioakkumulation sowie schnelle Bioabbaubarkeit in den letzten Jahren zugenommen.[1-5] Die wichtigsten Anwendungen sind als Monomer in einem phosgenfreien Polycarbonat-Prozess, als umweltverträgliche Alternative in Methylierungs- und Methoxycarbonylierungsreaktionen und als wichtigster Ersatzkandidat für den Kraftstoffzusatz Methyl-*tert.*-Butylether.[1-4, 6, 7] Die bislang bekannten Synthesewege von DMC erfordern entweder die Verwendung von toxischen Komponenten wie Phosgen und Methylnitrit oder sind aufgrund zu geringer Ausbeuten, großer Mengen an unerwünschten Nebenprodukten und zu hoher Eduktkosten technisch und ökonomisch uninteressant.[5-8] Die Kapazität des gängigen Carbonylierungsverfahrens mit Kupferchlorid (CuCl) in flüssiger Phase kann den steigenden Bedarf an DMC nicht decken. Einzig die oxidative Carbonylierung von Methanol (MeOH) zu DMC (Gl. 1-1) in der Gasphase mit kupferhaltigen Y-Zeolithen (CuY) als aktive Katalysatoren, gilt als alternative und ökonomisch attraktive Herstellungsmethode.[1, 5, 7]

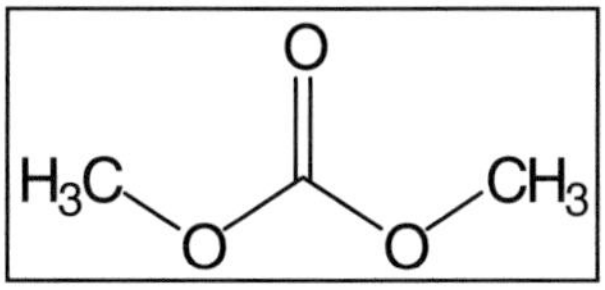

Abb. 1-1 Struktur von Dimethylcarbonat.

$$2CH_3OH + CO + \tfrac{1}{2}O_2 \rightarrow (CH_3O)CH_2 + H_2O \qquad \textbf{Gl. 1-1}$$

Eine gezielte Optimierung dieses Prozesses ist nur durch Kenntnis des Reaktionsmechanismus möglich, der aber entweder als wenig detaillierte stöchiometrische Volumenreaktion oder als sehr detaillierte aber hypothetische Teilschritte ohne direkten Bezug zu katalytisch aktiven Zentren formuliert ist. Es existieren z. T. widersprüchliche Vorstellungen, insbesondere hinsichtlich der aktiven Cu-Zentren, der Funktion des Sauerstoffs (O_2) und dem Weg der Insertion von Kohlenmonoxid (CO).[9, 10] Weiterhin sind die Oberflächenintermediate und deren Wechselwirkung mit dem Katalysator bisher nur unzureichend beschrieben. Hier zeigen sich die Unsicherheiten über den genauen Mechanismus, die aus den bisherigen Arbeiten zur Klärung mechanistischer Fragen resultieren. Diese beruhen nämlich größtenteils auf IR-Studien kombiniert mit kinetischen und katalytischen Studien zur Produktbildung in externen Testapparaturen.[10-13] Arbeiten zur Anwendung von kombinierten in situ Techniken mit simultaner

Produktanalyse („Operando") sind für die oxidative Carbonylierung nicht bekannt. Dabei bieten gerade Kopplungen verschiedener Methoden ein vollständigeres Bild des arbeitenden Katalysators.

Das Ziel der Arbeit bestand deshalb darin, durch den Einsatz von Operando-spektroskopischen Methoden den bisher unzureichend verstandenen Mechanismus der oxidativen Carbonylierung von Methanol zu Dimethylcarbonat an Cu-haltigen Y-Zeolithen unter katalysenahen Reaktionsbedingungen aufzuklären.

Mit der Entwicklung und Erprobung einer neuartigen Methodenkopplung bestehend aus **Dif**fuser **R**eflexions-**I**nfrarot-**F**ourier-**T**ransfomations-**S**pektroskopie (DRIFTS), **UV**-**Vis**-**D**iffuse **R**eflexions-**S**pektroskopie (UV-Vis-DRS) und **M**assen**s**pektrometrie (MS) sollten spezifische Erkenntnisse hinsichtlich der Produktbildung, der Bildung adsorbierter Spezies und deren Umwandlung an der Katalysatoroberfläche sowie der Veränderungen von Oxidationszustand und Koordinationssphäre der Kupferspezies gewonnen werden. Bereits die Wechselwirkungen der Eduktkomponenten O_2, CO und MeOH - einzeln und als Gemisch - mit dem Katalysator können wichtige Fragen zum Reaktionsablauf klären, wie beispielsweise über die Natur und Wirkungsweise der katalytisch aktiven Zentren (Oxidationszustand und Koordinationssphäre der Cu-Spezies) und deren Veränderungen bei Wechselwirkung mit den Edukten sowie über die Bildung und Veränderung von Oberflächenadsorbaten im Verlauf der Reaktion und in Abhängigkeit von der Zusammensetzung der Gasmischung. Die Funktion des Sauerstoffs und dessen Rolle in Bezug auf selektive und nicht selektive Reaktionswege sind dabei von besonderem Interesse. Die Untersuchungen zu den Wechselwirkungen der Produktkomponenten Kohlendioxid (CO_2), Wasser (H_2O), DMC, Dimethoxymethan (DMM) und Methylformiat (MF) erlauben darüber hinaus Rückschlüsse auf Zersetzungsreaktionen oder Hydrolyse des Zielproduktes DMC sowie auf eine konkurrierende Adsorption von DMC, DMM und MF oder die Existenz eines gemeinsamen Intermediates. Der spektroskopische Reaktor sollte dabei wie ein Strömungsreaktor aufgebaut sein, so dass sich katalyseähnliche Reaktionsbedingungen realisieren lassen.

Operando-DRIFTS/MS-Untersuchungen unter SSITKA-Bedingungen (**S**teady **S**tate **I**sotopic **T**ransient **K**inetic **A**nalysis) sollten zusätzliche Informationen zum Mechanismus liefern. Durch den Wechsel zwischen normaler und isotopenmarkierter Edukt-Gasmischung (^{13}CO und $^{18}O_2$) nach Erreichen eines stationären Zustandes des Katalysators und Verfolgung des transienten Verlaufs des Isotopenaustauschs in Edukten und Produkten ist es möglich, zwischen aktiven und nicht aktiven Spezies sowie selektiven und unselektiven Reaktionswegen zu unterscheiden. Diese Methodenkombination ist außerdem besonders gut geeignet, um den Weg einzelner Moleküle vom Edukt in das Produkt zu verfolgen und damit die Frage zur Insertion des CO und der Herkunft des Sauerstoffs aufzuklären.

Als Katalysatoren waren ausschließlich Cu-haltige Y-Zeolithe mit Cu-Gehalten von 0 % bis maximal 16 % vorgesehen, die mittels Imprägnierung hergestellt und bezüglich ihrer BET-Oberfläche, Kristallinität und Azidität sowie des Cu-Gehaltes, der Cu-Spezies und deren Platzierung im Y-Zeolithen charakterisiert werden sollten. Die Befunde der Charakterisierung sollen mit den spektroskopischen und katalytischen Ergebnissen korreliert werden und damit eine detaillierte Beschreibung des Reaktionsablaufes und der Wirkungsweise der Katalysatoren ermöglichen. Der dadurch erlangte Wissensstand dient letztendlich dazu, ein wissensbasiertes Katalysatordesign zu ermöglichen, um damit die Leistungsfähigkeit bisheriger Kupferkatalysatoren zu verbessern und Grundlagen für ein umweltfreundliches kontinuierliches Gasphasenverfahren zu schaffen.

1.2 Stand der Forschung

1.2.1 Oxidative Carbonylierung von Methanol zu Dimethylcarbonat

Die Katalysatorentwicklungen konzentrieren sich im Wesentlichen auf Cu-haltige Katalysatoren, wobei die Cu^+-Kationen als aktive Spezies identifiziert wurden.[9-11, 13-16] Unabhängig vom Träger haben sich insbesondere CuCl-haltige Katalysatoren als vorteilhaft erwiesen, deren Hydrolyseempfindlichkeit jedoch zur Salzsäure (HCl)-Freisetzung und zur Katalysatordesaktivierung führt.[1, 7, 17] Da Chlorid nicht direkt für die kupferkatalysierte oxidative Carbonylierung, sondern für die Stabilität der Kupfer-Zentren z. B. auf Aktivkohle (AC) essentiell ist, konnten mit Zeolithen als Träger chloridfreie Katalysatoren entwickelt werden, bei denen die Kupferkationen durch das negativ geladene Gitter stabilisiert werden.[1, 9] Dabei wird die Existenz eines einheitlichen Aktivzentrums Cu^+Z^- (Z^- symbolisiert das negativ geladene Zeolithgitter) angenommen. Als besonders aussichtsreich gelten Zeolithe mit der Faujasitstruktur, die aufgrund miteinander verknüpfter Hohlräume so weitporig sind, dass eine ungehinderte Diffusion des Produktes DMC aus dem Poreninneren an die Oberfläche möglich ist.[9, 11, 14, 16] Die größeren Hohlräume, die sogenannten Superkäfige besitzen einen Durchmesser von 1,3 nm[18] und die kleineren, die sogenannten Sodalithkäfige, einen Durchmesser von 0,66 nm.[19] So konnte King[9] beispielsweise zeigen, dass ein Katalysator ausgehend von CuCl und Zeolith Y, nicht nur höhere Produktivitäten für die DMC-Bildung, sondern auch eine geringere Desaktivierung aufwies als das korrespondierende $CuCl_2$/AC-System. Zhang et al. [12]

zeigten, dass ein niedrigeres Silizium/Aluminium-Verhältnis bei Faujasiten in direktem Zusammenhang mit einer höheren Aktivität und Selektivität bei der oxidativen Carbonylierung von MeOH steht. Dieses Verhalten liegt an der höheren Konzentration von Brønsted-aziden Zentren und damit einer höheren Kationenaustauschkapazität, so dass mehr katalytisch aktive $Cu^{+}Z^{-}$-Zentren zur Verfügung stehen. Richter et al.[20] berichteten erstmals über eine völlig halogenfreie Präparation von CuY-Katalysatoren ausgehend von Cu(II)-Salzlösungen und inerter Aktivierung bei hohen Temperaturen (700 – 750°C, je nach Cu-Gehalt). Diese chloridfreien Cu-Zeolith-Katalysatoren waren in der oxidativen Carbonylierung aktiv, wobei der beste Katalysator folgende Leistungsfähigkeit zeigte: 10 % MeOH-Umsatz, 70 % DMC-Selektivität, 7 % DMC-Ausbeute.

Der in der Literatur am häufigsten diskutierte Mechanismus zur oxidativen Carbonylierung von MeOH an Cu-haltigen Zeolithen lässt sich analog zum CuCl/AC-System in drei Schritte einteilen:

1. Adsorption von MeOH an Cu-Zentren und Bildung von Oberflächenmethoxy-Gruppen.
2. Insertion von CO in die O-Metall-Bindung unter Bildung von Carbo-Methoxy-Strukturen.
3. Reaktion der Carbo-Methoxy-Strukturen mit benachbarten Methoxy-Spezies oder mit MeOH aus der Gasphase zu DMC.

Die Formulierung des ersten Reaktionsschrittes basiert sowohl bei Anderson und Root,[21] Zhang und Bell,[10] als auch bei King[9, 14] auf frühere Arbeiten von Romano et al.,[22] der die molekulare Adsorption von MeOH an CuCl und die Bildung von Cu^{2+}-Methoxy-Chlorid beinhaltet (Gl. 1-2). Dabei erfordert die Bildung der Methoxide entweder Gasphasen- oder Oberflächensauerstoff des Katalysators. Analog dazu findet die Bildung eines Methoxy-Intermediats auch an Cu-haltigen Zeolithen statt. Durch den Nachweis, dass nur an Cu-haltigen Y-Zeolithen Oberflächenmethoxide nachgewiesen werden, wurde deren Lokalisierung am Kupfer identifiziert.[9]

$$2CH_3OH + \tfrac{1}{2}O_2 + 2Cu^{+}Z^{-} \rightarrow 2(CH_3O-Cu)^{+}Z^{-} + H_2O \qquad \textbf{Gl. 1-2}$$

(Z^{-} = negativ geladenes Zeolithgitter)

Der zweite Schritt beruht nach Romano et al.,[22] King[9] sowie Anderson und Root[11] auf der bereits 1970 von Saegusa et al.[23] beschriebenen CO-Insertion in die Cu-O-Bindung des Methoxids und wird als geschwindigkeitsbestimmend für die DMC-Bildung angesehen (Gl. 1-3).

$$2(CH_3O-Cu)^+Z^- + CO \rightarrow (CH_3O-CO-Cu)^+Z^- \qquad \textbf{Gl. 1-3}$$

Bezüglich des Mechanismus der CO-Insertion herrschen unterschiedliche Auffassungen. Anderson und Root[21] sind aufgrund kinetischer Studien von einem Eley-Rideal-Mechanismus überzeugt, bei dem Gasphasen-CO mit Oberflächen-Methoxy-Spezies reagieren, während adsorbiertes CO nicht an der Reaktion teilnimmt. Romano et al.[22] beschreiben die Reaktion dagegen als Langmuir-Hinshelwood-Mechanismus zwischen adsorbiertem CO (Cu^+-Carbonylkomplex) und adsorbierter Methoxy-Spezies. Die nach beiden Mechanismen gebildete labile Carbomethoxy-Verbindung reagiert dann sehr schnell entweder mit einem benachbarten Oberflächen-Methoxid oder mit MeOH aus der Gasphase zu DMC (Gl. 1-4).

$$2(CH_3O-CO-Cu)^+Z^- + 2CH_3OH + \tfrac{1}{2}O_2 \rightarrow 2(CH_3O)_2CO + H_2O + 2Cu^+Z^- \qquad \textbf{Gl. 1-4}$$

Die hier beschriebenen Mechanismusvorstellungen basieren weitestgehend auf in situ-FTIR-Untersuchungen, die nur die Bildung von Methoxy-Spezies, die Adsorption von CO, sowie die Zersetzung von DMC eindeutig belegen, während der Ablauf des Transfers von CO zu den Oberflächen-Methoxy-Spezies nicht geklärt wurde. Vor allem die Carbo-Methoxy-Strukturen konnten erstens nicht eindeutig nachgewiesen werden und zweitens ist deren Bildung durch die Insertion von CO in Cu-Methoxid nur hypothetisch formuliert. Zhang und Bell[10] sowie Zheng und Bell[24] vermuten deshalb eher eine Methylcarbonat-ähnliche Spezies als Intermediat, welche eine Bande um 1640 cm^{-1} hervorruft. Da Monomethylcarbonat (MMC) als Folge der Zersetzungsreaktion von DMC nachgewiesen wurde,[9, 25] ist die Bildung von DMC in umgekehrter Richtung über MMC denkbar. Durch in situ Ramanstudien zur Wechselwirkung von CO_2 und MeOH an Zirkoniumoxid (ZrO_2) ließ sich die Bildung von MMC durch Reaktion von Oberflächencarbonat-Spezies (durch CO_2-Adsorption) mit Methoxy-Spezies nachweisen.[26] Die Bildung von Carbonat-Spezies ist auch bei dem System CO/O_2/MeOH/Cu-Y-Zeolith denkbar.

Nebenprodukte der oxidativen Carbonylierung von Methanol sind Dimethylether (DME), Dimethoxymethan (DMM), Methylformiat (MF) und CO_2 (Abb. 1-2).[27, 28] Bei der Bildung von DME handelt es sich um eine direkte sauer-katalysierte Dehydratisierungs-Reaktion von MeOH unter Freisetzung von Wasser.[29, 30]

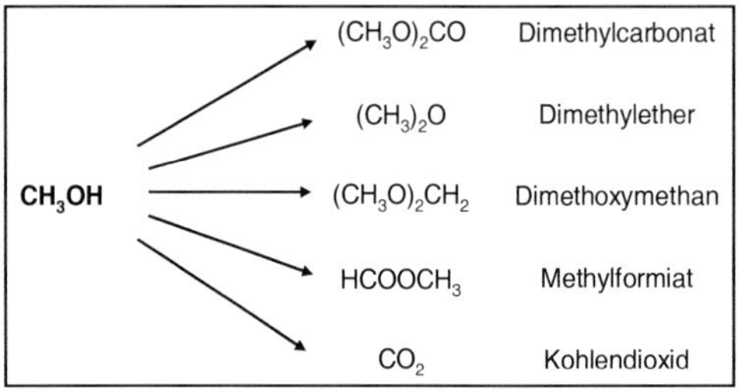

Abb. 1-2 Produkte der oxidativen Carbonylierung von MeOH.

Die Bildung von DMM, MF und CO_2 basiert auf dem gemeinsamen Intermediat Formaldehyd (FA), welches durch Oxidation der Methoxy-Spezies gebildet wird. DMM entsteht dann durch eine reversible Additionsreaktion von FA und MeOH über ein intermediäres Halbacetal. Die weitere Oxidation von FA über Dioxymethylen (H_2COO) mit unmittelbarem Zerfall zu Formiat und anschließender Veresterung mit MeOH führt schließlich zu MF.[29, 31-33] Die Tatsache, dass unter den Reaktionsprodukten kein FA gefunden wird, erklären Anderson und Root[11, 21] dadurch, dass die Oxidation der Oberflächen-Methoxy-Spezies langsam und die Folge-Reaktionen ausgehend vom FA sehr schnell verlaufen. Takahashi et al.[34] vermuten dagegen, dass auch die Bildung von MF über das intermediäre Halbacetal abläuft. Ausgehend von Isotopenaustausch-Studien beschreiben sie einen Wasserstofftransfer zwischen dem Halbacetal und FA, der schließlich zu MF führt. Auch Zhang et al.[10] gehen davon aus, dass co-adsorbiertes FA und MeOH zu einer intermediären Halbacetal-Spezies führen, welche dann mit MeOH zu DMM und H_2O oder mit weiterem FA zu MF und MeOH reagiert.

CO_2 wird hauptsächlich durch die Oxidation von CO gebildet.[9] Die Bildung durch Totaloxidation von MeOH ist nach den theoretischen Berechnungen von Gomes und Gomes[31] und den temperaturprogrammierten Desorptionsstudien von Poulston et al.[35] ebenfalls möglich.

1.2.2 Operando-Techniken

Die Kombination verschiedener spektroskopischer in situ Techniken hat den Vorteil, dass die spezifischen Informationen der einzelnen Methoden unter garantiert identischen Bedingungen erfasst werden und so mechanistische Einblicke unter realistischen Arbeitsbedingungen des Katalysators gewonnen werden können. In der letzten Dekade wurden mehrere Beispiele von kombinierten spektroskopischen Analysetechniken veröffentlicht, die in der Katalysatorcharakterisierung,[36] in der Katalysatorherstellung[37] sowie bei der Reaktionsverfolgung[38] Anwendung finden und das katalytische System von verschiedenen Perspektiven aus beleuchten. Einen detaillierten Überblick über die instrumentellen Entwicklungen, die mindestens zwei spektroskopische Techniken in einer spektroskopischen Reaktionszelle vereinen und die Einblicke, die damit möglich sind, zeigen Tinnemans et al.[39] und Bentrup.[40]

Seit 2002 tauchte erstmals der Begriff „Operando-Spektroskopie" auf, der sich auf spektroskopische in situ Untersuchungen des Katalysators mit simultaner on-line Produktanalyse bezieht und von reinen spektroskopischen Arbeiten (in situ) abgrenzt.[41] Die on-line Produktanalyse erlaubt die Erfassung kinetischer Daten, die direkt in Beziehung zu den spektroskopischen Daten stehen, die simultan gemessen wurden. Eine operando-spektroskopische Kopplung bestehend aus DRIFT-Spektroskopie, UV-Vis-DR-Spektroskopie und Massenspektrometrie ist bislang nicht bekannt, obwohl mit dieser Methodenkombinationen simultane Informationen zu den Veränderungen des Festkörpers, der adsorbierten Spezies und der Produkte in der Gasphase gewonnen werden können und die damit ein universell anwendbares Instrumentarium für die Untersuchung heterogen-katalysierter Reaktionen darstellt, insbesondere solcher, die an übergangsmetallhaltigen Katalysatoren ablaufen.

Zur Aufklärung von Mechanismen und Kinetiken katalytischer Reaktionen wird seit einiger Zeit auf die Kopplung von in situ DRIFTS mit Transientenmethoden unter Verwendung isotopenmarkierter Edukte zurückgegriffen, mit denen der Weg einzelner Moleküle vom Edukt in das Produkt verfolgt werden kann.[42, 43] Besonders vielversprechend ist dabei der Austausch eines Reaktanden gegen sein Isotopomer während der Reaktion im chemisch stationären Zustand und Beobachtung der Produkte mit der Zeit (**S**teady **S**tate **I**sotopic **T**ransient **K**inetic **A**nalysis = SSITKA). Durch Kenntnisse über die Bildung und zeitliche Konzentrationsänderung von Oberflächenadsorbaten und Produkten mit gemischten Isotopen können Aussagen zu aktiven Intermediaten und damit zum Reaktionsmechanismus gemacht werden. So gilt eine Oberflächenspezies als Haupt-Reaktionsintermediat, wenn sie genau so schnell ausgetauscht wird wie das Reaktionsprodukt in der Gasphase, während ein signifikant langsamerer Wechsel auf ein untergeordnetes Reaktions-Intermediat oder eine inaktive „Spectator"-Spezies hindeutet.[44-47] Isotopenaustauschexperimente werden in der heterogenen Katalyse zwar häufig eingesetzt, aber - aufgrund der schwierigen Analytik bei komplexen Reaktionssystemen - hauptsächlich für relativ einfache, nur wenige Komponenten umfassende Reaktionen, wie beispielsweise Wasser-Gas-Shift-Reaktionen,[42, 45, 46, 48] CO-Hydrierung,[49-51] Hydroformylierung von Ethen,[52] CO-Methanisierung,[53] selektive Reduktion von Stickoxiden [54, 55] und diverse Sauerstoffaustauschreaktionen an Oxiden.[56-59] Im Zusammenhang mit der oxidativen Carbonylierung von MeOH wurde bisher noch nicht über Isotopenaustauschexperimente oder gar von einer Kopplung bestehend aus in situ DRIFTS und SSITKA Technik berichtet.

2 Experimentelle Vorgehensweise

2.1 Operando-spektroskopische Methoden

Für die Aufklärung von Reaktionsmechanismen sind Kenntnisse hinsichtlich der Produktbildung, der Bildung adsorbierter Spezies und deren Umwandlung an der Katalysatoroberfläche sowie der Veränderungen von Oxidationszustand und Koordinationssphäre der katalytisch aktiven Spezies notwendig. Besonders in situ spektroskopische Methoden eignen sich hervorragend, um den Katalysator unter realen Bedingungen zu beobachten. Zu diesem Zweck wurde eine neuartige Methodenkopplung von DRIFT- und UV-Vis-DR-Spektroskopie sowie Massenspektrometrie entwickelt und für die Untersuchungen zur oxidativen Gasphasencarbonylierung von MeOH zu DMC eingesetzt. Diese erstmals realisierte Kopplung ermöglicht die simultane Analyse von Adsorbaten an der Katalysatoroberfläche mittels DRIFTS, von Veränderungen der Koordinationssphäre der aktiven Cu-Spezies mittels UV-Vis-DRS und der Produktbildung mittels MS. Der Katalysator lag bei diesen Untersuchungen wie unter realen Bedingungen als Schüttung in einem beheizbaren Reaktor vor und wurde vom Reaktionsgas durchströmt. Durch Isotopenaustauschexperimente wurde der Weg einzelner Reaktanden über Oberflächenspezies bis hin zu den Produkten verfolgt und sehr wichtige Informationen über den Reaktionsmechanismus erhalten. Die simultane Detektion der markierten Adsorbate und Produkte ermöglichte außerdem die Unterscheidung zwischen aktiven und inaktiven Spezies.

Der experimentelle Aufbau (Abb. 2-1) lässt sich grob in die Gasversorgungs- und in die Analytikeinheit unterteilen. Die Gasversorgungsstation wurde so aufgebaut, dass eine reproduzierbare Dosierung der Trägergase Helium und Argon sowie der Edukte Methanol, Kohlenmonoxid und Sauerstoff gewährleistet ist. Die Analytikeinheit umfasst die Kopplung aus DRIFT- und UV-Vis-DR-Spektroskopie sowie die Massenspektrometrie.

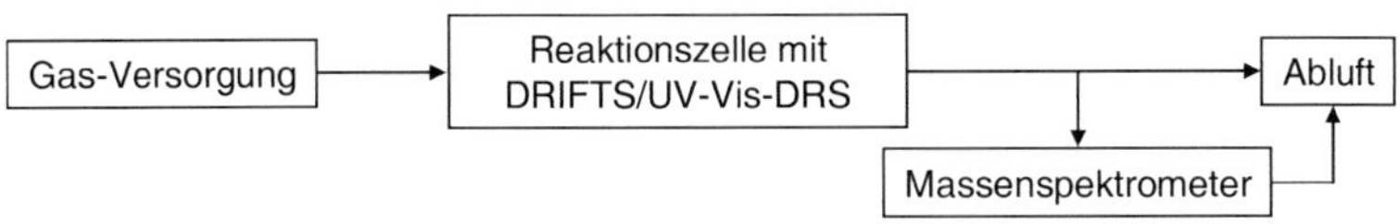

Abb. 2-1 Allgemeiner Aufbau.

2.1.1 Gasversorgung

Die Zusammensetzung der Gasmischungen wurde über Massendurchflussregler mit Hilfe eines Anzeige- und Steuerungssystems der Fa. *Bronkhorst Mättig GmbH* reguliert. Da die Massenstromregler werkseitig auf Standardgase eingestellt waren, erfolgte eine eigene Kalibrierung mit Hilfe der Blasenzählmethode für die entsprechenden Gase.

Der Aufbau der Gasversorgung ist in Abb. 2-2 dargestellt. Kohlenmonoxid wurde als 5 %iges CO/Helium-Gemisch (*Air Liquide*) eingesetzt. Über einen Drei-Wege-Hahn konnte unter Erhalt eines konstanten Volumenstroms von dem reinen Trägergasstrom Helium (He) (12,5 ml/min) auf das He/CO-Gemisch (12,5 ml/min) umgeschaltet werden. Der unvermeidliche Druckstoß beim Wechsel wurde von den Massenstromreglern ausgeglichen. Die Zumischung von MeOH erfolgte über einen temperierbaren Gassättiger, in dem die Flüssigkeit im Trägergasstrom angereichert wurde. Dabei wurde das Trägergas Argon (*AlphaGaz*) mit 12,5 ml/min über eine Fritte fein verteilt und die MeOH-Konzentration (1,84 ml/min) über die Temperatur im Sättiger (20°C) eingestellt. Die Sättigung des Argons erfolgte unterhalb der Raumtemperatur, so dass keine Kondensation des MeOH in den Leitungen stattfinden konnte. Vor jedem Experiment wurde der Sättiger mit He über eine externe Leitung ausgegast, um Luft zu entfernen. Experimente mit diesem Aufbau dienten zur Untersuchung der Wechselwirkung einzelner Reaktanden mit dem Katalysator, so dass auf eine stöchiometrische Zusammensetzung verzichtet wurde.

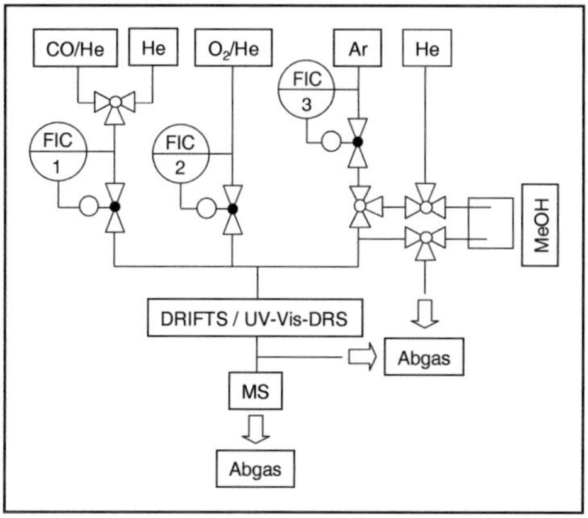

Abb. 2-2 Gasversorgung.

Im Allgemeinen und wenn nicht anders angegeben wurden folgende Volumenströme verwendet (Tab. 2-1).

Tab. 2-1 Zusammensetzung des Reaktionsgasgemisches.

Gas	Volumenstrom [ml/min]	Volumenstromanteil [Vol.%]
Helium	11,87	41,88
Argon	12,5	44,11
Kohlenmonoxid	0,63	2,22
Sauerstoff	1,5	5,29
Methanol	1,84	6,49
Gesamt	28,34	100

Für die Isotopenaustauschexperimente musste die Gasversorgung so umgebaut werden, dass einerseits ein schnelles und störungsfreies Umschalten zwischen beiden Isotopen gewährleistet war und andererseits ein konstanter Volumenstrom während des Umschaltens erhalten blieb. Gleichzeitig sollte die Gaszusammensetzung bei diesen Versuchen der stöchiometrischen Zusammensetzung der Reaktion entsprechen (Gl. 1-1).

Die apparaturbedingte Zeitverzögerung beim Produktnachweis wurde mit einem inerten Marker erfasst. Argon schien zunächst als Marker gut geeignet zu sein, da es nicht auf dem Katalysator adsorbiert wird und durch seine Massezahlen m/z = 20, 40 massenspektrometrisch eindeutig detektiert werden kann. Allerdings zeigten Voruntersuchungen, dass bei Anwesenheit von Argon deutlich geringere Produkt- und Eduktmengen detektiert werden. Verantwortlich dafür war eine Ionensuppression an der Ionenquelle des Massenspektrometers,[60] in dessen Folge nicht mehr unterschieden werden konnte, ob die Abnahme der Produkte durch Isotopenaustausch oder durch Ionensuppression verursacht wurde. Aus diesem Grund wurde stattdessen ein 1 %iges Neon/He-Gemisch verwendet. Neon (Ne) kann ebenfalls durch die Massezahlen m/z = 20, 22 eindeutig identifiziert werden.

Die Isotopenaustauschexperimente wurden mit $^{16/18}O_2$ und $^{12/13}CO$ durchgeführt. Die Abb. 2-3 zeigt den Aufbau für die Arbeiten mit $^{16/18}O_2$.

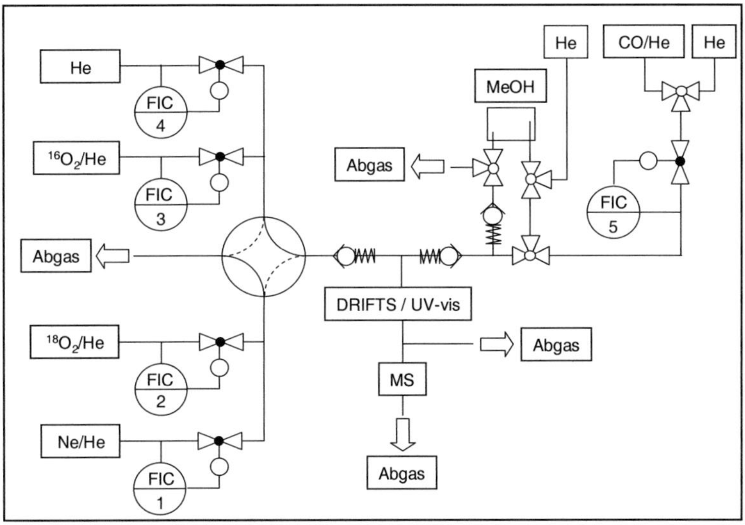

Abb. 2-3 Aufbau der Gasversorgung für die Isotopenaustauschexperimente mit $^{16/18}O_2$.

Beide Sauerstoffisotope lagen als 5 %ige Mischung in Helium ($^{18}O_2$/He: *Linde*, $^{16}O_2$/He: *Air Liquide*) vor und wurden mit einem Volumenstrom von 6,25 ml/min (0,31 ml/min O_2) durch die Reaktionszelle geleitet. Zu $^{18}O_2$/He wurden noch 5 ml/min der einprozentigen Ne/He-Mischung (*Air Liquide*) zudosiert, während als Volumenausgleich zu $^{16}O_2$/He die gleiche Menge Helium dosiert wurde. Über ein Vierwege-Ventil konnte zwischen beiden Gasströmen schnell und störungsfrei umgeschaltet werden. Die Zudosierung der Reaktionsgase CO und MeOH fand über einen separaten Weg statt. Für die Zumischung von MeOH wurde Helium über Dreiwegehähne durch den Sättiger (T = 14°C) geleitet. Bei Experimenten mit CO wurde anstelle des Trägergases Helium die 5 %ige CO/He-Mischung verwendet. Über ein T-Stück wurden der O_2/He- und der CO/MeOH/He-Gasstrom schließlich vereinigt und zur Reaktionszelle geführt. Der Einbau von Rückschlagventilen (*Swagelok*) verhinderte, dass ein Gasstrom den anderen zurückdrängt.

Die Tab. 2-2 gibt die Zusammensetzung des Reaktionsgasgemisches an, wenn alle Eduktkomponenten dosiert werden.

Tab. 2-2 Zusammensetzung des Reaktionsgasgemisches bei Verwendung von $^{16}O_2$ und $^{18}O_2$.

MeOH/$^{16}O_2$/CO		
Gas	Volumenstrom [ml/min]	Volumenstromanteil [%]
He	22,82	91,17
$^{16}O_2$	0,31	1,24
CO	0,63	2,48
MeOH	1,27	5,07
Gesamt	25,03	100
MeOH/$^{18}O_2$/CO		
Gas	Volumenstrom [ml/min]	Volumenstromanteil [%]
He	22,77	90,97
$^{18}O_2$ (5% in He)	0,31	1,24
CO (5% in He)	0,63	2,48
Ne (1% in He)	0,05	0,20
MeOH	1,27	5,07
Gesamt	25,03	100

Der gesamte Volumenstrom betrug 25 ml/min mit einem MeOH-Anteil von 5,07 Vol%, einem CO-Anteil von 2,48 Vol% und einem O_2-Anteil von 1,27 Vol% und entspricht der stöchiometrischen Reaktionszusammensetzung nach Gl. 1-1.

Für die Arbeiten mit $^{12/13}CO$ musste die bestehende Gasversorgungsstation erneut modifiziert werden (Abb. 2-4), um die gewünschte stöchiometrische Zusammensetzung einstellen zu können.

^{13}CO lag unverdünnt in einer 5 l Stahlflasche von *Linde* vor und war deshalb in einer speziellen, extra für diese Untersuchungen konstruierten Sicherheitsbox untergebracht, die ständig mit Druckluft gespült wurde. Während ^{12}CO als 5 %iges CO/He-Gemisch (*Air Liquide*) verwendet werden konnte, musste zu ^{13}CO die entsprechende Menge Ne/He dosiert werden, so dass ein ^{12}CO/He- bzw. ^{13}CO/He/Ne-Strom mit jeweils 5 % CO und einem Fluss von 12,5 ml/min resultierte. Sauerstoff und MeOH wurden über einen separaten Weg zugemischt. Dabei wurden entweder 12,5 ml/min He oder, bei Arbeiten mit Sauerstoff, 6,25 ml/min He und 6,25 ml/min O_2/He durch den Sättiger (T = 14°C) geleitet. Die beiden Gasströme wurden wieder über ein T-Stück, ausgestattet mit Rückschlagventile zusammengeführt und gelangten dann zur Reaktionszelle.

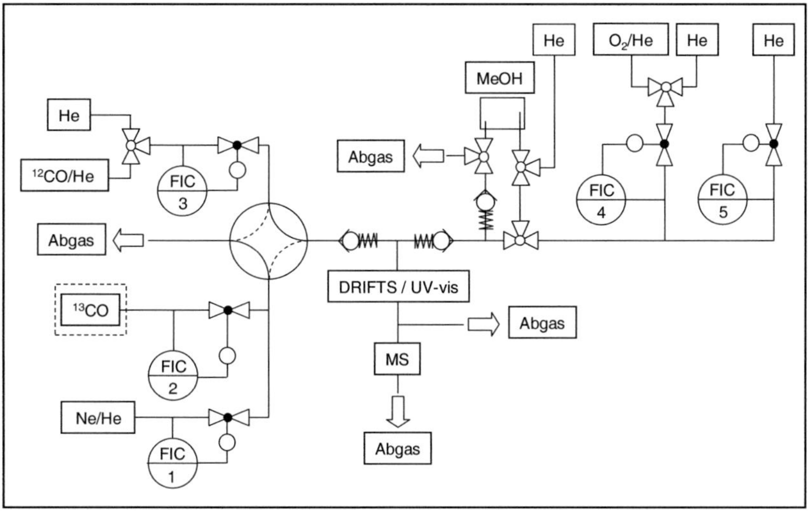

Abb. 2-4 Aufbau der Gasversorgung für die Isotopenaustauschexperimente mit $^{12/13}CO$.

Werden alle Reaktanden simultan zudosiert, ergibt sich die in Tab. 2-3 angegebene Zusammensetzung des Reaktionsgasgemisches.

Tab. 2-3 Zusammensetzung des Reaktionsgasgemisches bei Verwendung von ^{12}CO und ^{13}CO.

MeOH/O_2/^{12}CO		
Gas	Volumenstrom [ml/min]	Volumenstromanteil [%]
He	24,06	91,59
O_2	0,31	1,18
^{12}CO	0,63	2,40
MeOH	1,27	4,83
Gesamt	26,27	100
MeOH/O_2/^{13}CO		
Gas	Volumenstrom [ml/min]	Volumenstromanteil [%]
He	23,94	91,13
O_2	0,31	1,18
^{13}CO	0,63	2,40
Ne	0,12	0,46
MeOH	1,27	4,83
Gesamt	26,27	100

2.1.2 Diffuse-Reflexions-Infrarot-Fourier-Transformations-Spektroskopie (DRIFTS)

Der große Vorteil der IR-Spektroskopie in diffuser Reflexion besteht darin, dass die Probe als Pulverschüttung vermessen werden kann. Insofern ist eine Vergleichbarkeit mit einem katalytischen Reaktor gegeben, da der Katalysator wie unter realen Bedingungen als Schüttung mit definierter Partikelgröße vorliegt und damit definierte Diffusionsbedingungen gewährleistet werden können. Die Theorie der diffus reflektierten Strahlung ist in [61] ausführlich beschrieben.

Bei diesen Messungen wird der IR-Strahl auf die streuende Probe geleitet, wodurch es je nach Beschaffenheit der Probe zur Überlagerung von Reflexions-, Beugungs-, Brechungs- und Absorptionsvorgängen kommt, wobei für die DRIFTS nur der Anteil der Reflexionsvorgänge von Bedeutung ist, bei dem neben Reflexion auch Strahlungsabsorption erfolgt. Die diffus gestreute Strahlung verteilt sich über der Probe in alle Richtungen des Halbraums. Auf den Raumwinkel des Detektionsstrahlengangs entfällt dabei nur ein Bruchteil der Strahlung. Je größer dieser Raumwinkel ist, desto besser ist die Strahlungsausbeute.[61, 62] Um einen möglichst hohen Anteil diffus reflektierter Strahlung aufzufangen, benötigt man geeignete messtechnische Anordnungen und optische Systeme, die von Drochner, Symalla und Vogel ausführlich beschrieben werden.[63] Für die Untersuchungen in dieser Arbeit wurde ein spezielles Zubehör bestehend aus einer Reaktionszelle und einem Praying-Mantis-Spiegelsystem (beide von *Harrick Scientific Corporation*) verwendet, welches in den Probenraum des Spektrometers integriert wurde.

Der Informationsgehalt der DRIFT-Spektren ist praktisch identisch zu dem der Transmissionsspektren, wobei die Intensitäten der Banden recht unterschiedlich ausfallen können. Im Allgemeinen sind die Banden in den DRIFT-Spektren weniger intensiv und schlechter aufgelöst als die Banden in den Transmissionsspektren, da die Eindringtiefe der IR-Strahlung je nach Absorptionsvermögen des Festkörpers begrenzt ist (um 100 µm)[61], so dass ein geringerer Anteil des Probenmaterials erfasst wird. Daneben weisen Banden, die im Transmissionsspektrum hohe Intensitäten besitzen, im Spektrum der diffusen Reflexion geringere Intensitäten auf und umgekehrt. Dieses Phänomen ist dadurch erklärbar, dass in Spektralbereichen, in denen das Absorptionsvermögen der Probe groß ist, die Eindringtiefe der IR-Strahlung gering ist, während bei schwacher Absorption die Eindringtiefe entsprechend groß ist, so dass schwache Banden im Verhältnis zu starken Banden hervorgehoben werden.[61]

Für die Aufnahme der DRIFT-Spektren wurde das FTIR-Spektrometer *FTS-60A* der Firma *BIO-RAD* verwendet, das mit einer leitfähigen Keramik aus Siliziumcarbid (Globar) als IR-Quelle und einem Michelson Interferometer ausgestattet ist. Als Detektor diente der sehr empfindliche MCT-Detektor, der aus einer Legierung aus **M**ercury (Quecksilber), **C**admium und **T**ellurit (MCT) besteht und dessen Wirkung auf dem inneren photoelektrischen Effekt beruht. Da bereits bei Raumtemperatur ein hohes Grundrauschen auftritt, war beim Betrieb eine Kühlung bis zu 77 K mit flüssigem Stickstoff notwendig. Die Steuerung und Messdaten-Erfassung erfolgte mit der Software *Digilab Resolution Pro 4.0* der Firma *BIO-RAD*.

2.1.2.1 Die Reaktionszelle

Die Reaktionszelle (Abb. 2-5) der Firma *Harrick Scientific Corporation* besteht aus einer Kammer mit Kuppel aus rostfreiem Edelstahl 316 und enthält zwei IR-transparente Calciumfluorid (CaF_2)-Fenster und ein Beobachtungsfenster aus Quarzglas. Zusätzlich ist die Kammer mit Anschlüssen für die Wasserkühlung, die Gaszu- und die Gasableitung sowie mit einem Thermoelement und Heizpatronen versehen. In der Mitte der Reaktionszelle befindet sich der Reaktor (Durchmesser: 6 mm, Probemenge ca. 50 mg) mit einem Sieb, der auf einem Unterbau angebracht ist und in den die zu untersuchende Festkörperprobe ohne Vorbehandlung als Schüttung eingefüllt wird. Die Heizpatrone befindet sich mit einem K-Typ-Thermoelement im Unterbau und wird über einen externen Temperaturregler (*Eurotherm 902 P*) gesteuert. Zum Schutz vor Überhitzung ist der Reaktor von einem mit Wasser gekühlten Mantel umgeben. Die Reaktionskammer besitzt drei Anschlüsse, von denen der Gaseinlass von unten zu dem Reaktor führt, während die anderen beiden Anschlüsse seitlich in die Kammer ragen. Dadurch konnte der Eduktgasstrom die Probenschüttung durchströmen und der Produktgasstrom die Reaktionskammer durch einen der seitlichen Anschlüsse verlassen. Das Drahtsieb im Reaktorboden verhinderte dabei einerseits ein Eindringen der Probe in den Gaseinlass und ermöglichte andererseits eine gleichmäßige Strömung der Reaktionsgase durch das Katalysatorbett, so dass Diffusionshemmungen weitestgehend vermieden und reale katalytische Bedingungen simuliert werden konnten.

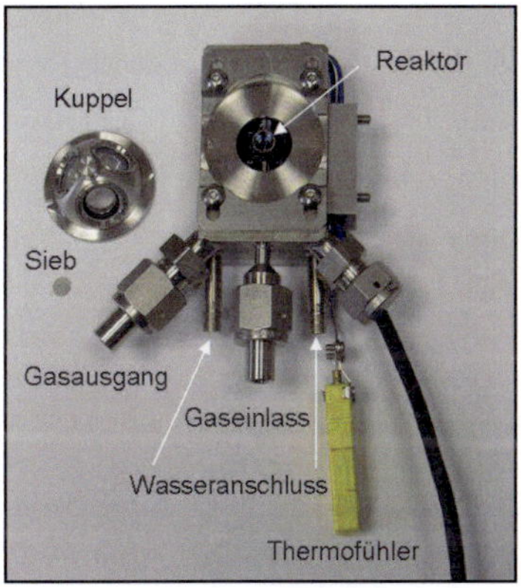

Abb. 2-5 DRIFTS-Reaktionszelle.

2.1.2.2 Das Spiegelsystem

Das größte Problem bei der Aufnahme von DRIFT-Spektren stellt der geringe erfassbare Anteil der diffus reflektierten Strahlung dar. Daher ist eine spezielle Spiegelanordnung notwendig, die einen möglichst großen Teil der austretenden diffus gestreuten Strahlung sammelt.

Das in dieser Arbeit verwendete Spiegelsystem (Abb. 2-6) stammt von *Harrick Scientific Corporation* und besteht aus insgesamt sechs Spiegeln. Der IR-Strahl wurde über die Spiegel S1, S2 und S3 auf die Probenoberfläche fokussiert und die diffus reflektierte Strahlung über die Spiegel S4, S5 und S6 dem Detektor zugeführt. Die Anordnung der zwei Ellipsoidspiegel S3 und S4 erinnert an die Armhaltung einer „Gottesanbeterin“ und hat zu dem Namen *Praying-Mantis-Spiegelsystem* geführt. Mit dieser speziellen Konstruktion lassen sich bis zu 20 % der diffus reflektierten Strahlung auffangen, während der Anteil der unerwünschten, gerichteten Fresnelreflexion herabgesetzt wird.

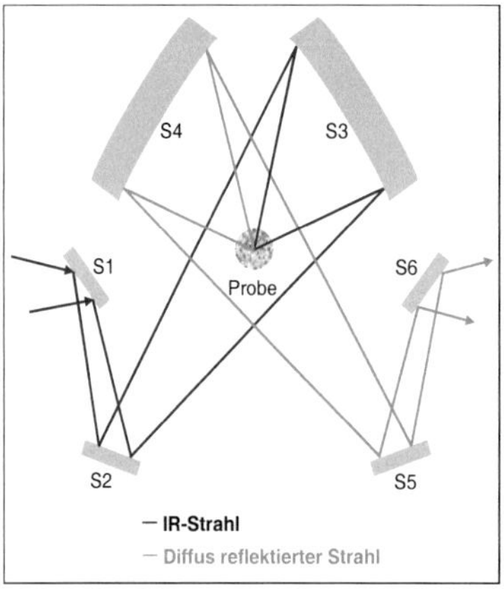

Abb. 2-6 Schema des Praying-Mantis-Spiegelsystems mit IR-Strahlengang.

2.1.3 UV-Vis-Spektroskopie in diffuser Reflexion (UV-Vis-DRS)

Durch Absorption von Strahlung im UV- bzw. Vis-Bereich werden Elektronenübergänge induziert, die im Falle der Cu-haltigen Proben Informationen über den Oxidationszustand und die Koordinationsphäre der Cu-Spezies liefern. Während die UV-Vis-Spektroskopie in Transmission zur Analyse von Flüssigkeiten verwendet wird, dient die UV-Vis-Spektroskopie in diffuser Reflexion (UV-Vis-DRS) zur Untersuchung fester Substanzen.

Für die Aufnahme der Spektren wurde eine spezielle Hochtemperatur-UV-Vis-Reflexions-Sonde eingesetzt, bei der die Lichtleitung über Quarz-Glasfaserkabel erfolgt. Das Prinzip des Lichttransportes durch eine optische Faser beruht auf der totalen internen Reflexion, durch die das Licht innerhalb der Faser reflektierend transportiert wird. Die in dieser Arbeit verwendete optische Sonde (*FCR-7UV200-1,5x100-HTX*) in Abb. 2-7 war eine Sonderanfertigung von *Avantes*, die einen außergewöhnlich geringen Durchmesser (1,5 mm) besitzt und für hohe Temperaturen geeignet ist. Diese Sonde enthält sechs Kabel, die das Licht von der Deuterium- und Halogen-Lichtquelle (*AvaLight-DH-S-Bal, Avantes*) zum Katalysator führen und ein Kabel, das das diffus reflektierte Licht vom Katalysator zum CCD-Detektor des Spektrometers (*AvaSpec 2048, Avantes*) zurückleitet.

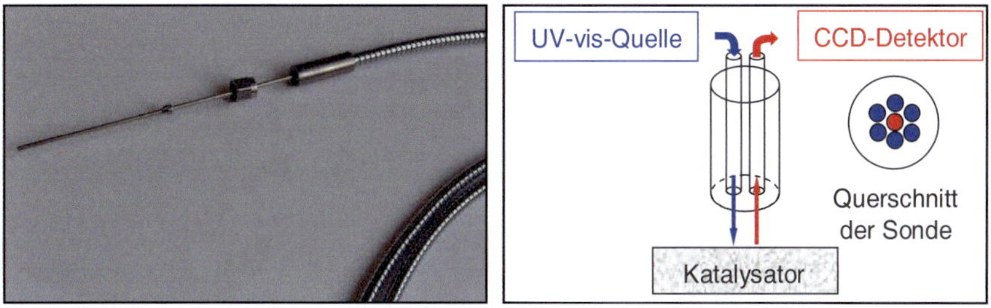

Abb. 2-7 UV-Vis Reflexionssonde und schematischer Darstellung der Lichtleitung.

2.1.4 Massenspektrometrie

Die Massenspektrometrie dient zur Analyse der gasförmigen Reaktionsprodukte. Dabei werden die Moleküle ionisiert, nach ihrem Masse-Ladungsverhältnis (m/z) aufgetrennt und von einem Ionendetektor nachgewiesen. Für eine ausführlichere Darstellung der Massenspektrometrie wird auf die Literatur[64] verwiesen. In der vorliegenden Arbeit wurden die Produkte mit dem Quadrupol-Massenspektrometer *OmniStar* (Typ *GSD 300 O2,* 130V, 1 - 200 u) der Firma *Pfeiffer Vacuum GmbH* analysiert. Die Ionenerzeugung erfolgte in einer *Prisma TM-Ionenquelle* mit Dual-Filament-Anordnung durch Elektronenstoß-Ionisation (EI). Als Kathodenmaterial wurde mit Yttrium dotiertes Iridium eingesetzt, das sich laut Hersteller durch eine geringere Betriebstemperatur und eine relative Unempfindlichkeit gegenüber Lufteinbrüchen auszeichnet. Die Ionen wurden in einen Quadrupol-Filter durch ein hochfrequentes elektrisches Feld zwischen vier Stabelektroden nach ihrem Masse/Ladungsverhältnis getrennt und schließlich detektiert. Das Massenspektrometer enthält zwei Detektortypen, die je nach Anforderung an die Nachweisempfindlichkeit ausgewählt wurden. So erfolgte die Detektion der Edukte und CO_2 mit dem weniger empfindlichen Faraday-Detektor, während die Produkte aufgrund der geringen Intensitäten mit dem Channeltron-Detektor (Verstärkungsfaktor: 15 000 bei 1 kV) nachgewiesen wurden. Die Signale wurden direkt durch die Software *Quadstar 32-bit* (Version 7.03.) der Firma *Inficon AG* während der Messung gespeichert und anschließend ausgewertet.

2.1.5 Methodenkopplung (DRIFTS/UV-Vis-DRS/MS)

Im Rahmen dieser Arbeit wurde eine neuartige Methodenkopplung von DRIFTS/UV-Vis-DRS/MS entwickelt und erprobt, mit der Informationen hinsichtlich der Bildung adsorbierter Spezies und deren Umwandlung an der Katalysatoroberfläche sowie der Veränderungen von Oxidationszustand und Koordinationssphäre der katalytisch aktiven Spezies und der Produktbildung simultan gewonnen werden konnten.

Für die Analyse der Produkte während der Reaktion wurde die Kapillare des Massenspektrometers so über eine *Swagelok*-Verschraubung mit dem Gasausgang verbunden, dass ein Teil des Produktgasstroms in das Massenspektrometer gelangte. Die Leitung zum Massenspektrometer wurde mit einem Heizband beheizt.

Damit neben der Adsorbatanalyse gleichzeitig Veränderungen des Katalysators untersucht werden konnten, sollte eine UV-Vis-DRS-Sonde mit der DRIFTS-Reaktionszelle gekoppelt werden. Für gut aufgelöste und rauscharme Spektren musste die Sonde so nah wie möglich am Katalysator platziert werden, ohne diesen zu berühren. Das war nur durch die Implementierung der Sonde in den Reaktionsraum möglich. Dazu wurde eine Spezialausführung der Sonde von der Firma *Avantes* gefertigt, die einerseits hohe Temperaturen bis zu 400°C aushält und andererseits so dünn (1,5 mm) ist, dass sie ohne Störung des IR-Strahlengangs in die Reaktionszelle implementiert werden kann. Die Einführung durch einen der seitlichen Anschlüsse der Reaktionszelle schied dabei aus, da sie auf gleicher Höhe wie der Probenhalter liegen. Der einzige mögliche Zugang in den Reaktionsraum führte über das vordere Quarzglasfenster. Dieses diente ursprünglich zur Kontrolle des Katalysatorbettes während der Dosierung des Reaktionsgasgemisches. Durch diesen Zugang wäre eine simultane Aufnahme von UV-Vis-DR- und DRIFT-Spektren möglich. Die praktische Durchführbarkeit wurde zunächst mit einem Edelstahl-Dummy, der den gleichen Durchmesser wie die Sonde hatte, getestet. Dieser wurde durch eine Edelstahlscheibe anstelle des Fensters in den Reaktionsraum gebracht und DRIFT-Spektren aufgenommen. Es zeigte sich, dass der IR-Strahlengang nicht gestört wird, wenn der Dummy im vorderen Bereich des Katalysatorbettes platziert wird. Von der Werkstatt des *Leibniz-Instituts für Katalyse* wurde ein temperaturbeständiges Übergangsstück aus Edelstahl gefertigt, über das die UV-Vis-DRS-Sonde mittels *Swagelok*-Verschraubung in der optimalen Position etwa 1 mm über der Oberfläche der Katalysatorschüttung platziert wird. Auf diese Weise konnte die Kopplung zwischen UV-Vis und IR-Spektroskopie erfolgreich (Abb. 2-7) realisiert werden.

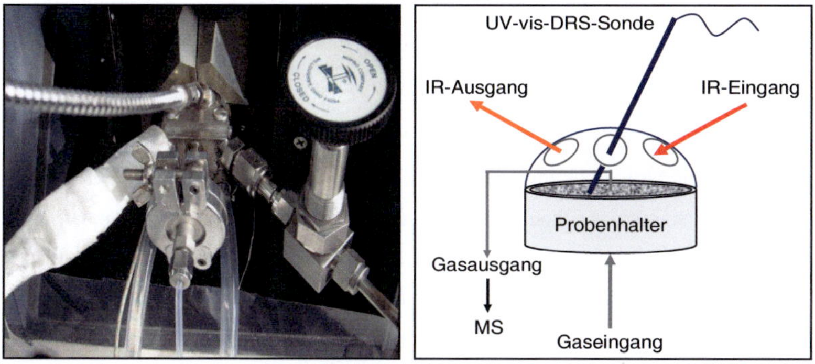

Abb. 2-8 Kommerzielle, beheizbare DRIFTS-Reaktionszelle mit implementierter UV-Vis-Sonde und Gaszuleitung sowie Gasableitung (links); Prinzipdarstellung der Kopplung (rechts).

Diese Methodenkombination stellt ein universell anwendbares Instrumentarium für die Untersuchung heterogen-katalysierter Reaktionen dar.

2.1.5.1 Durchführung von DRIFTS/UV-Vis-DRS/MS-Messungen

Der Katalysator wurde ohne Vorbehandlung unter Durchströmung der Reaktionszelle mit Inertgas (Helium, Argon) von 25 ml/min in den Probenhalter der Reaktionszelle eingefüllt und glatt gestrichen. Anschließend wurde die Kuppel aufgesetzt, der Reaktionsraum über Schrauben gasdicht verschlossen und die Halterung mit den Ellipsoidspiegeln eingeklappt, so dass die IR-Strahlung auf die Oberfläche der Katalysatorschüttung fokussiert war. Die Reaktionskammer ist über eine Schraube höhenverstellbar und wurde so in den Strahlengang gebracht, dass die am Detektor ankommende Energie maximal war (in dieser Arbeit 2 – 3 V). Vor jedem Versuch erfolgte eine Justierung der Spiegelposition mit einem Laserstrahl und über die Software mit der Funktion „Alignment“, was eine maximale Energieausbeute gewährleistete. Um einen reproduzierbaren Ausgangszustand aller Katalysatoren zu erhalten und oberflächlich adsorbiertes Wasser zu entfernen, wurden die Proben vor jedem Versuch ausgeheizt. Bei dieser Prozedur wurde die Probe im Trägergasstrom (He) mit einer Heizrate von 10 K/min auf 400°C erhitzt, 30 min bei dieser Temperatur gehalten und dann auf Reaktionstemperatur von 130°C oder 150°C mit 10 K/min abgekühlt.

Soweit nicht anders angegeben wurden die IR-Spektren mit dem FTIR-Spektrometer *FTS-60A* von *BIO-RAD* und folgenden elektronischen Geräteparametern aufgenommen:

Speed: 40 kHz, Filter: 30, Undersampling Ratio: 2, Resolution: 4 cm^{-1}, Sensitivity: 16, Scans: 128. Um eine ausreichende Energieausbeute zu erhalten, wurde die gesamte IR-Strahlung der Strahlungsquelle (Apertur geöffnet) auf die Probe geleitet. Der Durchmesser der fokussierten IR-Strahlung betrug dabei 12 mm. Folgende Spektren wurden aufgenommen:

1. KBr-Hintergrundspektrum: Obwohl das IR-Spektrometer und der Strahlengang ständig mit wasser- und kohlendioxidarmer Pressluft gespült wurden, konnten intensive Kohlendioxid- (2362, 2342 cm^{-1}) und Wasserbanden (3960 – 3420, 2070 – 1280 cm^{-1}) nicht vermieden werden. Außerdem traten bei 2959, 2924 und 2853 cm^{-1} Banden auf, die durch den Strahlteiler des Spektrometers verursacht werden (Herstellerinformation). Daher wurde in regelmäßigen Abständen (ca. einmal pro Monat) ein Hintergrundspektrum von Kaliumbromid (KBr) bei Reaktionstemperatur aufgenommen. Das KBr wurde in der Reaktionszelle eine Stunde bei 150°C getrocknet und ansonsten wie eine Probe behandelt. Durch den relativen Bezug der Probe zu dem Hintergrundspektrum wurden die störenden Banden eliminiert.

2. Startspektrum: Nach dem inerten Ausheizen der Probe und vor der Gasdosierung wurde ein hintergrundkorrigiertes (KBr-Abzug) Spektrum des Katalysators bei der Reaktionstemperatur von 130°C bzw. 150°C unter Inertgas aufgenommen.

3. Spektrum mit Gasphase: Unter Dosierung der Reaktionsgase wurden hintergrundkorrigierte Spektren zu definierten Zeiten aufgenommen.

4. Adsorbatspektrum: Nach der Reaktion wurden die Reaktionsgase durch Spülen mit Inertgas aus der Reaktionszelle entfernt und hintergrundkorrigierte Spektren der adsorbierten Spezies nach 15 und 30 Minuten Spüldauer aufgenommen.

5. Differenzspektrum: Da die Adsorbatbanden im Vergleich zu den Banden des Katalysators in der Regel klein sind, wurde das Startspektrum von dem Spektrum mit Gasphase oder dem Adsorbatspektrum subtrahiert. Alle gezeigten IR-Spektren in dieser Arbeit sind, soweit nicht anders ausgewiesen, Differenzspektren.

Für die Aufnahme der UV-Vis-DR-Spektren war vor jedem Experiment eine Kalibrierung des Spektrometers mit einem Weiß- und Dunkelstandard erforderlich. Dafür wurde Bariumsulfat in den Probenhalter eingefüllt und die UV-Vis-Reflexion als Weißstandard gemessen. Die Messung des Dunkelstandards erfolgte bei ausgeschalteten Lampen. Die Spektren wurden schließlich im Wellenlängenbereich von 230 – 900 nm zeitgleich mit den DRIFT-Spektren aufgenommen.

Die massenspektrometrische Datenaufzeichnung erfolgte im ***Multiple-Ion-Detection***–Modus (MID). Das heißt, es wurden charakteristische Produktfragmente ausgewählt und deren Intensität in Abhängigkeit von der Zeit verfolgt. Dadurch minimierte sich der Zeitbedarf einer Analyse. Die Auswahl geeigneter Fragmente erfolgte durch Voruntersuchungen der Produkte und Edukte, in dem der Massebereich von m/z = 10 – 100 gescannt wurde. Die Stoßelektronenenergie betrug immer 70 eV, als Kompromiss zwischen hoher Ionenausbeute und möglichst wenigen Fragmentionen. Als Verstärkungsspannung wurde 1 kV gewählt.

Nach dem Ausheizen des Katalysators wurde mit der Datenaufzeichnung begonnen. Sobald die Intensitäten der Fragmentverläufe konstant waren, wurden das Start-DRIFT-Spektrum sowie das UV-Vis-DR-Spektrum aufgenommen und anschließend das Experiment mit dem Zuschalten der Reaktionsgase zum Zeitpunkt t = 0 begonnen. Die Messdaten wurden als ASCII-File gespeichert und mit dem Programm Origin 8 ausgewertet.

Bei der Auswertung der Signalintensitäten war zu beachten, dass die Bruttointensität (I_B) eines Signals bei einer bestimmten Masse aus verschiedenen Beiträgen zusammengesetzt ist, wie die Abb. 2-9 beispielhaft für zwei Fragmente zeigt. So ergibt sich messtechnisch bedingt eine Basislinie mit der Intensität I_0. Zusätzlich können Leckagen im Gesamtsystem Restintensitäten (I_R) bewirken. Effekte im Massenspektrometer (z. B.: Ion-Ion-Reaktionen) können eine Ergänzung I_M zu bestimmten Massesignalen leisten. Und letztendlich liefern verschiedene Komponenten mit Fragmenten identischer Masse ihren Beitrag I_K zur Bruttointensität. Die Nettointensität I_N einer Komponente bei der entsprechenden Masse ergibt sich nach Eliminierung der zusätzlichen Beiträge (Gl. 2-1).

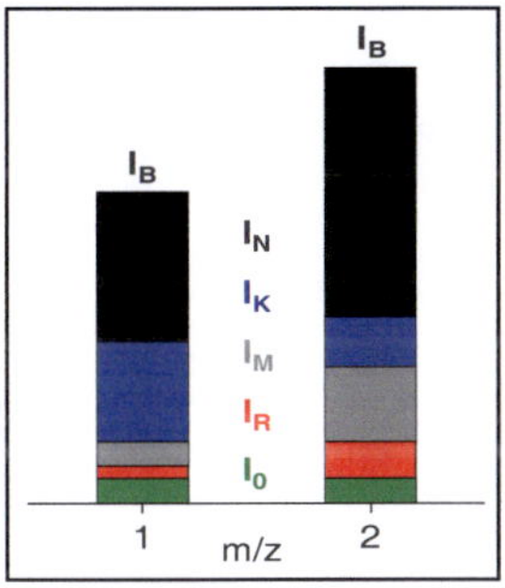

Abb. 2-9 Beiträge zur Bruttointensität I_B.

$$I_N = I_B - I_0 - I_R - I_M - I_K$$ **Gl. 2-1**

Zwar wurden keine quantitativen Bestimmungen durchgeführt, dennoch musste sichergestellt werden, dass eine beobachtete Masse tatsächlich von dem entsprechenden Produktmolekül hervorgerufen wird und nicht durch einen oder mehrere der beschriebenen Effekte.

Die Intensitäten der einzelnen Fragmente zum Zeitpunkt t = 0 wurden als $I_0 + I_R$ definiert und abgezogen. Die Beiträge I_M, hervorgerufen durch Effekte im Massenspektrometer, wurden durch Gasphasenexperimente ohne Katalysator ermittelt.

Schwieriger war die Bestimmung von I_K. Im einfachsten Fall wird ein Signal bei einer bestimmten Masse nur von einer Komponente hervorgerufen. Jedoch werden bei komplexen Gasmischungen Fragmente mit einer bestimmten Massenzahl von unterschiedlichen Molekülen erzeugt. Beispielhaft sind in Abb. 2-10 die (hypothetischen) Signalintensitäten von drei Massenzahlen und der Beitrag der Komponenten DMC, MF und DMM zu diesen Massen dargestellt. Die Massezahl m/z = 75 wird fast ausschließlich von der Komponente DMM belegt. Das Signal bei m/z = 59 dagegen wird hauptsächlich durch ein Fragment von DMC und zu einem nicht unwesentlichen Teil auch von MF- sowie DMM-Fragmenten hervorgerufen. Bei konstanten Spektrometer-Einstellungen (Ionisierungsenergie, Temperatur, Transmissionseigenschaften des Massenanalysators) stehen die Einzelintensitäten der Fragmente einer Komponente in einem bestimmten Verhältnis k zueinander, welches mit massenspektrometrischer Analyse der Einzelsubstanzen experimentell ermittelt wurde. Die Intensitätsbeiträge I_K einzelner Komponenten zu einem Signal, z. B. zu m/z = 59 wurden gemäß Gl. 2-2 berechnet.

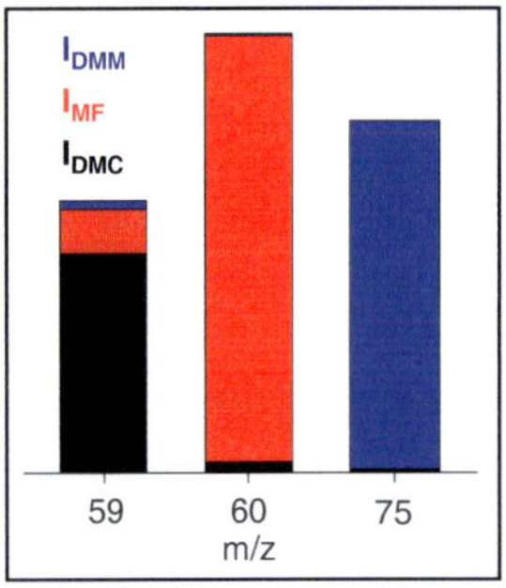

Abb. 2-10 Beiträge von DMC, MF und DMM zu m/z = 59, 60, 75.

$$I_K = k_{59/60} \cdot I_{60} + k_{59/75} \cdot I_{75} \qquad \textbf{Gl. 2-2}$$

2.2 Katalysatorpräparation

Kupferhaltige Y Zeolithe (CuY) sind aktive Katalysatoren für die oxidative Carbonylierung von Methanol zu DMC in der Gasphase. Dabei ist der Y-Zeolith auf Grund seiner Porengeometrie und der hohen Ionenaustauschkapazität als Träger besonders gut geeignet. Ausgehend von der Ammonium (NH_4^+)-Form eines Y-Zeolithen (*CBV 300, Zeolyst International*) wurde eine Serie von Cu-haltigen Zeolithen mit unterschiedlicher Cu-Beladung durch Tränkung mit einer wässrigen, konzentrierten Lösung aus Kupfernitrat-Trihydrat ($Cu(NO_3)_2 \cdot 3H_2O$) (*Sigma-Aldrich*) hergestellt. Das Zeolithpulver wurde dabei in die $Cu(NO_3)_2$-Lösung eingerührt, so dass eine Paste entstand, die die Lösung bindet. Bei sehr niedrigen Cu-Gehalten (< 8 %) konnte die Tränkung in der optimalen Variante „incipient wetness impregnation“ durchgeführt werden. Das bedeutet, es wurde nur das Lösungsvolumen verwendet, das zur vollständigen Füllung der Poren des Zeolithen nötig war. Bedingt durch die Löslichkeit von $Cu(NO_3)_2 \cdot 3H_2O$ (1378 g/l)[65] werden für einen Katalysator mit 8 % Cu (entsprechen 0,30 g

$Cu(NO_3)_2 \cdot 3H_2O$ pro 1 g Zeolith) 0,22 ml Wasser pro 1 g Zeolith benötigt. Bei einem Porenvolumen von 0,35 ml/g[28], von denen ca. 50 % mit Wasser bzw. mit NH_4^+ gefüllt sind, war das verfügbare Porenvolumen bereits überschritten, so dass die Tränkung nicht in der Variante „incipient wetness“ ausführbar war. Der Vorteil der Tränkung gegenüber dem Ionenaustausch besteht in der vereinfachten Herstellung. So können durch die Tränkung festgelegte Beladungen in einem Schritt erreicht werden, so dass unvorteilhafte und aufwendige Mehrfachtränkungen und Kalzinierungen vermieden werden. Außerdem können Cu-Gehalte erzielt werden, die durch Ioneneintausch nicht realisierbar sind. Die Tab. 2-4 enthält die relevanten Eigenschaften des verwendeten Zeolithen.

Tab. 2-4 Eigenschaften des CBV300.

Zeolithtyp	Faujasit, Y
Kationen	NH_4^{+} [a]
Si/Al	2,55 [a]
Oberfläche	925 m^2/g [a]
Na-Gehalt	2,8 wt% [a]
Gitterkonstante	24,68 Å [a]
Brønsted-azide Zentren n_{H+} (mmol/g)	2,55 [b]

(a: Herstellerinformation, b: bestimmt durch temperaturprogrammierte Zersetzung der NH_4-Zeolithform)

Bei der Berechnung der eingesetzten Zeolith- und Kupfernitrat-Mengen wurden der Glühverlust des Zeolithen und die veränderte Zeolith-Einwaage in Abhängigkeit vom angestrebten Cu-Gehalt berücksichtigt, so dass immer 20 g Probe erhalten wurden (Tab. 7-1). Nach Trocknung der Proben bei 120°C erfolgte eine Kalzinierung bei 400°C über Nacht. Die Ausheizprozedur von 400°C in Luft ergab sich aus thermogravimetrischen Untersuchungen, die zeigten, dass diese Temperatur ausreichend ist, um das Nitrat thermisch zu zersetzen und die Ammoniumionen, die Brønsted-azide Zentren blockieren, zu beseitigen.[66] Danach wurde das Pulver mit einer hydraulischen Presse zu Tabletten gepresst, zerkleinert und gesiebt, so dass Partikel mit einer definierten Größe von 0,315 – 0,710 mm erhalten wurden. Alle Katalysatoren, die diese Schritte durchlaufen haben, werden als xCuY bezeichnet, wobei x für den gerundeten Kupfergehalt in Masseprozent steht. Die Bestimmung des Kupfergehaltes der Katalysatoren erfolgte mit der Multielement-Analysentechnik ICP-OES (**I**nductively-**C**oupled **P**lasma **O**ptical **E**mission **S**pectrometry).

In ausgewählten Fällen wurde eine inerte Behandlung bei höheren Temperaturen 600 – 700°C angeschlossen, da sich diese „Aktivierung“ als vorteilhaft für die katalytische Leistungsfähigkeit der Katalysatoren unter stationären Bedingungen erwiesen hatte.[20, 28]

2.3 Methoden der Katalysator-Charakterisierung

2.3.1 Stickstoff-Adsorption

Die spezifische Oberfläche wurde durch die **B**runauer-**E**mmett-**T**eller-Methode (BET) mit dem Areameter *ASAP 2010 M* von *Micromeritics GmbH* ermittelt. Bei dieser Methode wird die Menge an verbrauchtem Stickstoff bestimmt, die zur Bedeckung der äußeren Oberfläche und der zugänglichen inneren Porenoberfläche eines Feststoffes mit einer vollständigen Adsorbat-Monoschicht erforderlich ist. In der vorliegenden Arbeit wurden die Adsorptionsisothermen volumetrisch gemessen, d. h. es wurde das adsorbierte Stickstoffvolumen V_a der zuvor ausgeheizten (400°C, 2 h, Vakuum) Probe (200 mg) bei konstant -195,85°C als Funktion des Relativdrucks (Quotient aus Gasphasendruck p und Sättigungsdruck p_0) aufgenommen. Mit der BET-Gleichung wurde aus dem adsorbierten Gasvolumen V_a das Gasvolumen der Monoschicht V_{Mono} ermittelt, das proportional zur spezifischen BET-Oberfläche S_{BET} ist.[67]

Die BET-Methode ist für die Oberflächenbestimmung mikroporöser Feststoffe wie Zeolithe eigentlich nicht geeignet, da bei gleicher Größendimension von Pore und Adsorptiv eine ungestörte Mehrschichtadsorption bei zu großem Relativdruck nach der BET-Theorie nicht möglich ist. Daher wurde in der vorliegenden Arbeit die Oberfläche bei einem sehr kleinen Relativdruck von 0,00025 - 0,0100 bestimmt.

2.3.2 Röntgendiffraktometrie

Mit der XRD-Messung (**X**-**R**ay **D**iffraction) wurden kristalline Phasen der CuY-Zeolithe analysiert. Dafür wurde das Transmissionsdiffraktometer *STADI P* der Firma *STOE* mit monochromatischer Cu-$K_{\alpha 1}$-Strahlung (λ = 0,15406 nm) verwendet. Bei der Messung lag die Probe als Flachpräparat zwischen zwei dünnen Folien auf einem Träger vor und wurde um eine senkrecht zum Primärstrahl stehende Achse gedreht. Die Datenerfassung erfolgte mit einem ortsempfindlichen Detektor (**P**osition **S**ensitive **D**etector = PSD). Das Diffraktometer arbeitet im $\omega/2\theta$-Modus, das bedeutet, bei jedem Schritt werden die Probe um 1° und der Detektor um 2° bewegt. Die Diffraktogramme wurden in einem Messbereich von 2θ = 5 – 60° (Schrittweite: 0.5°, 100 s pro Schritt) aufgenommen. Die Zuordnung der Reflexe erfolgte mit der Software *WinXPow* (von der Fa. *STOE*) und der Datenbank *Powder Diffraction File (PDF)* von *The International Centre for Diffraction Data (ICDD).*

2.3.3 Röntgen-Photoelektronen-Spektroskopie

Mit der **R**öntgen-**P**hotoelektronen-**S**pektroskopie (XPS) wird die chemische Zusammensetzug der Oberfläche, speziell der Oxidationszustand der Cu-Spezies ermittelt. Diese hochempfindliche Technik basiert auf dem photoelektrischen Effekt, bei dem Elektronen durch Bestrahlung mit hochenergetischer Röntgenstrahlung (100 eV) aus den kernnahen Niveaus der Atome oder Moleküle emittiert und analysiert werden. Aus der Differenz zwischen eingestrahlter Energie $h \cdot v$ und gemessener kinetischer Energie E_{Kin} kann die Bindungsenergie (E_B) des Rumpf-Elektrons bestimmt und damit die chemische Zusammensetzung des Katalysators erfasst werden.[68, 69]

In der vorliegenden Arbeit wurde das Gerät *VG ESCALAB 220iXL* (*VG Scientific*) verwendet, das mit einer Mg$K\alpha$ Anode als Röntgenquelle ausgestattet ist (Anregungsenergie: E = 1253,6 eV). Die Messungen fanden ohne Vorbehandlung in einer UHV-Kammer bei einem Druck von ca. 10^{-7} Pa statt. Die quantitative Auswertung erfolgte über die Bestimmung der absoluten Peakfläche nach Satelliten- und Hintergrundsubtraktion sowie Angleichung mit der Gauss-Lorentz-Kurve. Mit Hilfe der absoluten Flächen wurden die relativen Elementkonzentrationen und die Zusammensetzung der Oberfläche durch Division mit dem Elementspezifischen Scofield-Faktor berechnet.

2.3.4 Infrarot-Spektroskopie mit Sondenmolekülen

Für die Charakterisierung der Azidität des Katalysators und der Cu^{+}- und Cu^{2+}-Spezies mit Sondenmolekülen ist die Messung in Transmission besser geeignet, da die Banden intensiv und gut aufgelöst sind.

Die Messungen erfolgten mit den **F**ourier-**T**ransformations-**I**nfra**r**ot-Spektrometern (FTIR) *IFS 66* und *Tensor 27*, beide von *Bruker*. Als IR-Quelle (mittlerer IR-Bereich von 4000 – 400 cm^{-1}) diente ein Globar, der durch Anlegen einer Spannung auf eine Temperatur von ca. 1500 K erhitzt wurde. Die Spektrometer sind jeweils mit einem thermischen DTGS-Detektor (**d**euteriertem **T**ri**g**lycin**s**ulfat) ausgestattet. Der Detektor des Spektrometers *Tensor 27* ist zusätzlich mit **L**-**A**lanini dotiert (DLaTGS). Die Messdatenerfassung erfolgte mit der Spektrometersoftware *OPUS 65* von *Bruker*.

Für die Messungen wurden aus jeweils 50 mg Probe freitragende Presslinge mit 2 cm Durchmesser mit Hilfe einer Presse (p = 8 – 10 t) hergestellt, anschließend in einer Quarzhalterung fixiert und in eine Eigenbau-Reaktionszelle aus Quarz (Abb. 2-11) gebracht.

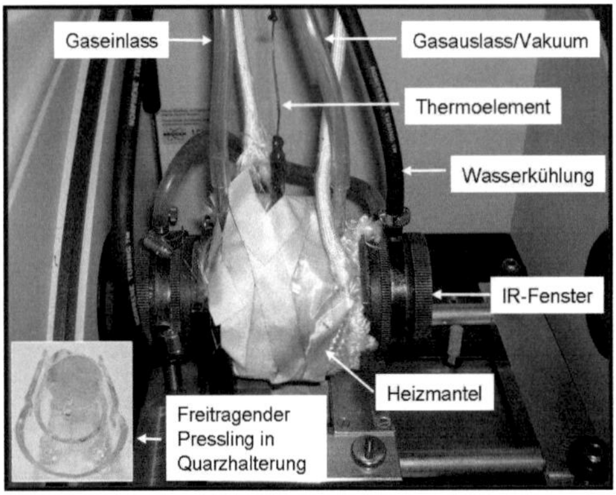

Abb. 2-11 Reaktionsmesszelle für die Messungen in Transmission (im *Tensor 27*).

Die Reaktionszelle ist mit wassergekühlten CaF_2-Fenstern ausgestattet und für einen Temperaturbereich von Raumtemperatur bis 450°C ausgelegt. Die Temperatursteuerung der Zelle erfolgte mit Hilfe eines Thermoelementes und eines Heizbandes. Durch die Gaszu- und Gasableitung lassen sich Inert- und Reaktionsgase zuführen und die Zelle evakuieren. Vor jedem Versuch wurde ein Spektrum mit getrockneter Luft im Probenraum aufgenommen, welches als Hintergrundspektrum für alle weiteren Messungen des Versuches diente. Der freitragende Pressling wurde, wie bei der DRIFTS, bei 400°C unter Inertgas (He) vorbehandelt, auf Reaktionstemperatur abgekühlt und ein Startspektrum der Probe aufgenommen. Das Sondenmolekül CO wurde als 5 %ige Mischung in Helium (*Air Liquide*) und das Sondenmolekül Stickstoffmonoxid (NO) als 2 %ige Mischung in Helium (*Air Liquide*) mit einem Gesamt-Volumenstrom von 50 ml/min eingesetzt. Pyridin wurde über einen Sättiger mit dem Trägergas Argon (50 ml/min) in die Messzelle eingetragen. Während der Dosierung wurden zu definierten Zeiten Spektren im Wellenzahlbereich von 4000 – 1000 cm^{-1} aufgenommen. Nach der Adsorption erfolgte in der Regel eine Evakuierung der Zelle, so dass nur die Adsorbate ohne Gasphase registriert wurden (Adsorbatspektren).

2.3.5 Katalytische Testung

Katalytische Messungen wurden in einem Ein-Kanal-Reaktor aus Edelstahl bei einem Gesamtdruck von 4 bar mit ausgewählten Katalysatoren durchgeführt. Da die Reaktion stark exotherm war, wurden 1,2 g Katalysatorpulver (Korngröße < 0,1 μm) mit 1 g Graphitpulver verdünnt und nach Homogenisierung zu Tabletten gepresst und gekörnt (0,315 – 0,710 mm). Für die Messungen wurden schließlich 1,0 g des Granulates in den Reaktor (Abb. 2-12) eingefüllt, dieser in das beheizbare Mantelgefäß eingesetzt und gasdicht verschlossen.

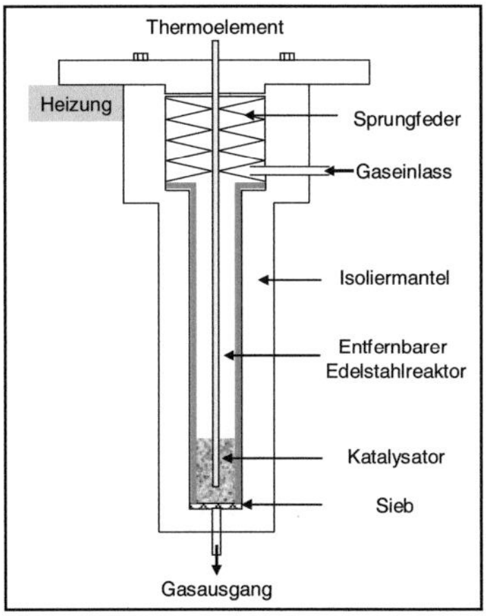

Abb. 2-12 Reaktor für die katalytische Testung.

Die Bildung der Produkte wurde bei 130°C – 170°C in Temperaturrampen von 10 K mit jeweils 1 h Haltezeit verfolgt. Das Reaktionsgasgemisch enthielt 1,3 Vol% O_2, 19,7 Vol% MeOH, 39,5 Vol% CO und sowie 39,5 Vol% Stickstoff (N_2). Der Gesamtvolumenstrom betrug 152 ml/min. Die quantitative Analyse erfolgte direkt mit einem an den Reaktor gekoppelten Gas-Chromatographen (*GC5890, Hewlett Packard*). Dabei wurden MeOH, DME, MF, DMM und DMC durch eine Kapillarsäule (*Porapak Q* von *Hewlett Packard*, Länge: 25 m, Innendurchmesser: 0,32 mm, Filmdicke: 0,5 μm) getrennt und mit dem FID-Detektor nachgewiesen.

Der Methanol-Umsatz (X_{MeOH}) wurde aus dem gemessenen MeOH-Stoffmengenstrom am Reaktoreingang und am Reaktorausgang nach Gl. 2-3 berechnet.

$$X_{MeOH} = \left(\frac{\dot{n}_{MeOH,Eingang} - \dot{n}_{MeOH,Ausgang}}{\dot{n}_{MeOH,Eingang}} \right) \cdot 100 \qquad \textbf{Gl. 2-3}$$

Da außer DMC, DMM, DME und MF keine weiteren Produkte wie Formaldehyd, Ameisensäure oder andere kohlenstoffhaltige Produkte nachgewiesen wurden, ergaben sich neben der Zielreaktion (Gl. 1-1) weitere Reaktionen (Gl. 2-4 – Gl. 2-6):

$$3CH_3OH + \tfrac{1}{2}O_2 \rightarrow (CH_3O)_2CH + 2H_2O \qquad \text{(DMM)} \qquad \textbf{Gl. 2-4}$$

$$2CH_3OH \rightarrow (CH_3)_2O + H_2O \qquad \text{(DME)} \qquad \textbf{Gl. 2-5}$$

$$2CH_3OH + O_2 \rightarrow HCOOCH_3 + 2H_2O \qquad \text{(MF)} \qquad \textbf{Gl. 2-6}$$

Die Selektivitäten wurden unter Berücksichtigung der Stöchiometrie aus den gemessenen Stoffmengenströmen am Reaktorausgang nach Gl. 2-7 berechnet.

$$S_{DMC} = \frac{2\dot{n}_{DMC}}{\dot{n}_{MeOH,Eingang} - \dot{n}_{MeOH,Ausgang}} \cdot 100 \qquad \textbf{Gl. 2-7}$$

3 Charakterisierung der Katalysatoren

3.1 Kupfergehalt, Oberfläche und Porenvolumen

Der Kupfergehalt, die Oberfläche und das Porenvolumen der nach der Tränkungsmethode präparierten und kalzinierten Katalysatoren sind in Tab. 3-1 zusammengefasst.

Tab. 3-1 Kupfergehalt, BET-Oberfläche und Porenvolumen des unbehandelten NH_4-Y-Zeolithen und der Katalysatoren mit einem Kupfergehalt von 0 – 16 %.

Probenbezeichnung	Cu-Gehalt	Cu-Gehalt	BET-Oberfläche	Porenvolumen
	[Masseprozent]	[mmol/g]	[m^2/g]	[cm^3/g]
NH_4-Y	0	0	925 [a]	0,35 [a]
0CuY	0	0	695	0,28
2CuY	1,86	0,29	n.b.	n.b.
4CuY	3,58	0,56	731	0,28
5CuY	5,31	0,84	n.b.	n.b.
7CuY	6,60	1,04	n.b.	n.b.
8CuY	8,22	1,22	767	0,30
9CuY	9,30	1,46	n.b.	n.b.
12CuY	11,82	1,87	716	0,28
13CuY	12,67	1.99	n.b.	n.b.
16CuY	15,96	2,51	665	0,26

a: Herstellerangabe, n.b.: nicht bestimmt

Während der unbehandelte Ammonium-Y-Zeolith laut Hersteller eine sehr große BET-Oberfläche von 925 m^2/g besitzt, zeigte der mit Salpetersäure (HNO_3) behandelte und bei 400°C kalzinierte 0CuY nur noch eine Oberfläche von 695 m^2/g. Verantwortlich für den Verlust ist einerseits die Freisetzung von H_2O, Ammoniak (NH_3) und NO, wie TG/MS-Analysen zeigten[66] und andererseits eine thermische Instabilität des Zeolithen durch Dealuminierung bei 400°C, was durch ^{27}Al-MAS-NMR-Spektroskopie nachgewiesen wurde.[28]

Die Einführung von Kupfer führte zunächst zu einer kontinuierlichen Zunahme der BET-Oberfläche, wofür sowohl eine thermische Stabilisierung der Zeolithstruktur durch den Eintausch von Cu-Kationen[20, 28] als auch eine Vergrößerung der Porendurchmesser wegen abnehmender Kationenzahl bei Austausch von zwei Protonen gegen ein Cu^{2+} verantwortlich sind.[70] Katalysatoren mit einem Cu-Gehalt von mehr als acht Masseprozent zeigten geringere BET-Oberflächen, was einerseits am geringeren Zeolithgehalt bei konstantem Gewicht liegt und andererseits an der Abnahme des Porenvolumens durch Füllung der Poren mit Cu-Spezies. Im Allgemeinen treten weder bei der BET-Oberfläche noch beim Porenvolumen signifikante Veränderungen durch die Kupferbeladung auf, so dass eine Verstopfung der Poren oder eine Schädigung der Zeolithstruktur durch die Präparation ausgeschlossen werden kann.

Die Isothermen (Abb. 7-1) zeigten den Verlauf einer Brunauer-Adsorptionsisotherme des Typs I, die durch einen zunächst stark ansteigenden Verlauf und anschließender Sättigung gekennzeichnet ist, was typisch für mikroporöse Proben (< 2 nm) ist.[67] Anzeichen für Mesoporen, charakterisiert durch Adsorptions-Desorptions-Hysteresen, wurden auch bei Beladung des Zeolithen mit Kupfer nicht beobachtet.

3.2 Kristalline Phasen

Um zu überprüfen, ob die kristalline Struktur des Zeolithen durch den Austausch erhalten bleibt, oder ob neue kristalline Phasen auftauchen, wurden Diffraktogramme der Proben 0CuY, 4CuY, 8CuY und 16CuY aufgenommen (Abb. 3-1).

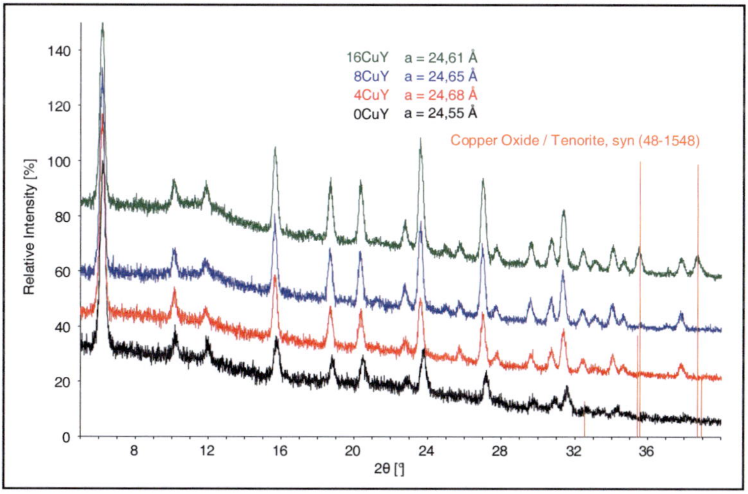

Abb. 3-1 Diffraktogramme der Proben 0CuY, 4CuY, 8CuY und 16CuY sowie die entsprechenden Gitterkonstanten der kubischen Elementarzelle.

Die Proben 4CuY und 8CuY zeigten nur die Reflexe, die auch bei dem mit HNO_3 behandelten und ausgeheizten Zeolithen 0CuY auftraten und der kubisch kristallinen Struktur des Ammonium-Faujasiten (PDF-Nr. 73-2311)[71] zugeordnet werden können. Bei Anwesenheit von Kupfer waren diese Reflexe intensiver, was auf eine höhere Kristallinität hindeutet sowie zu kleineren 2θ-Werten verschoben, was auf größere Gitterkonstanten hinweist. In Abhängigkeit vom Cu-Gehalt zeigte sich, dass die Kristallinität bis zu einem Kupfergehalt von 8 % zunimmt und bei einer Cu-Beladung darüber hinaus konstant bleibt. Die Einführung von Kupfer führte zunächst zu einer Zunahme der Gitterkonstanten, da Cu^{2+}- (Ionenradius: 0,72 Å)[72] und Cu^{+}-Ionen (Ionenradius: 0,96 Å)[72] die viel kleineren Protonen (Ionenradius: $8{,}8 \cdot 10^{-6}$ Å)[73] in den hexagonalen Einheiten der Faujasitstruktur ersetzen. Bei weiterer Erhöhung des Cu-Gehaltes (> 4 %) nahm die Gitterkonstante leicht ab.

Während die Proben 4CuY und 8CuY nur die Reflexe des Zeolithen zeigten, wies die Probe 16CuY dagegen noch zusätzliche Reflexe bei $2\theta = 35{,}544°$ und 38,709° auf, die charakteristisch für Kupferoxid (CuO) (synthetisches Tenorit, PDF-Nr. 48-1548)[71] sind. Wenn der Kupfergehalt die Anzahl der austauschbaren Protonen übersteigt, ist eine teilweise Agglomeration der Cu-Spezies im Superkäfig möglich. Die TPD-Analyse (**T**emperature **P**rogrammed **D**ecomposition) des verwendeten Y-Zeolithen ergab eine Gesamt-Konzentration an Brønsted-aziden Zentren von 2,55 mmol/g. Dies ist äquivalent zu der Austauschkapazität, so dass für die Elektroneutralität 2,55 mmol/g Cu^{+} (16,2 % Cu) oder 1,28 mmol/g Cu^{2+} (8,1 % Cu) fixiert sein dürfen. Da sowohl Cu^{+} als auch Cu^{2+} vorliegen (Kapitel 3.3) ist die Austauschkapazität bei 16 % Cu überschritten, so dass eine Agglomeration der Cu-Spezies im Superkäfig und die Bildung von CuO erfolgen können. Beugungslinien für Cu_2O (PDF-Nr. 78-2076)[71] bei $2\theta =$ 36,441° (100 %) und 42,329° (35 %), sowie für Cu^0 (PDF-Nr. 4-836)[71] bei $2\theta = 43{,}298°$ (100 %) und 50,434° (46 %) (2θ-Bereiche hier nicht dargestellt) waren nicht nachweisbar.

3.3 Charakterisierung der Kupfer-Spezies

Mit der **R**öntgen**p**hotoelektronen-**S**pektroskopie (XPS) wurde die chemische Zusammensetzug der Oberfläche, speziell der Oxidationszustand der Cu-Spezies ermittelt. Wegen der geringen Ausdringtiefe der Photoelektronen von wenigen Nanometern in Feststoffen,[69] erhält man vor allem Informationen über die an der Oberfläche vorliegenden Cu-Spezies, die für die katalytischen Prozesse entscheidend sind.

Typische Cu_{2p}-Spektren zeigen vier Peaks: zwei 2p-Niveau-Peaks und zwei Satellitenpeaks.[28] Die Aufspaltung der p-Niveau-Peaks resultiert aus der Spin-Bahn-Kopplung, während die

Satellitenpeaks durch Energieabgabe des emittierten Photoelektrons an ein zurückbleibendes Elektron hervorgerufen werden. Liegen Cu^{2+}-Spezies neben Cu^{+}-Spezies vor, beobachtet man zusätzlich dicht benachbarte Peaks ($\Delta E_B < 3$ eV), da die Spezies mit der höheren Oxidationsstufe auch eine höhere effektive Kernladung hat, so dass die Rumpfelektronen fester gebunden sind und beim Emittieren eine geringere kinetische Energie haben. Dadurch ist die Bindungsenergie E_B von Cu^{2+} im Spektrum geringfügig höher als die von Cu^{+}, so dass zwischen Cu^{+} und Cu^{2+} unterschieden werden kann.[74]

Die Abb. 3-2 zeigt die XPS-Spektren von CuY mit verschiedenen Cu-Gehalten, wobei die Bezeichnung der Peaks nach dem Energiezustand des emittierten Photoelektrons erfolgte: Elementsymbol, Hauptquantenzahl (n), Gesamtdrehimpuls (j).

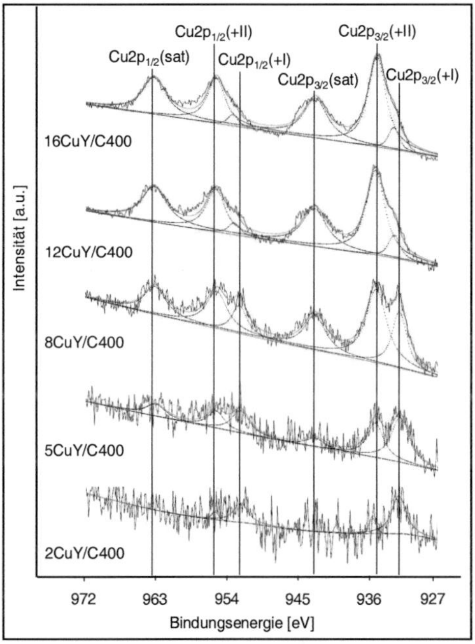

Abb. 3-2 XPS der Proben 2CuY, 5CuY, 8CuY, 12CuY, 16CuY.

Bei allen Proben traten Peaks mit einer Bindungsenergie von 935 und 955 eV auf, die charakteristisch für $Cu2p_{3/2}$ bzw. $Cu2p_{1/2}$ der Cu^{2+}-Spezies sind, sowie bei 932 und 952 eV, die typisch für die entsprechenden Cu^{+}-Spezies sind.[75] Die Proben 5CuY, 8CuY, 12CuY und 16CuY zeigten außerdem Satellitenpeaks bei 942 und 962 eV. Während bei der Probe mit dem geringsten Kupfergehalt intensivere Peaks der Cu^{+}-Spezies beobachtet wurden, dominierten ab 8 % Cu die Peaks der Cu^{2+}-Spezies. Bei dem höchsten Cu-Gehalt waren die Peaks der Cu^{2+}-Spezies so intensiv, dass die Peaks der Cu^{+}-Spezies nur noch als Schultern beobachtet werden konnten.

Die Abb. 3-3a zeigt den Gehalt von Cu^{+} und Cu^{2+} bezogen auf Silizium (Si) + Aluminium (Al) bei verschiedenen Kupfergehalten und die Abb. 3-3b nach zusätzlicher inerter Behandlung.

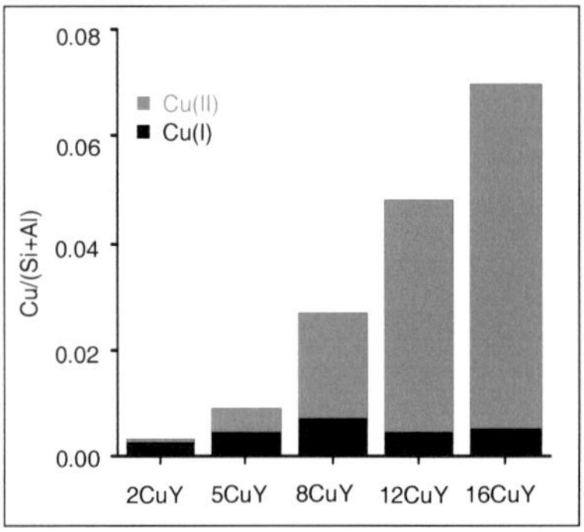

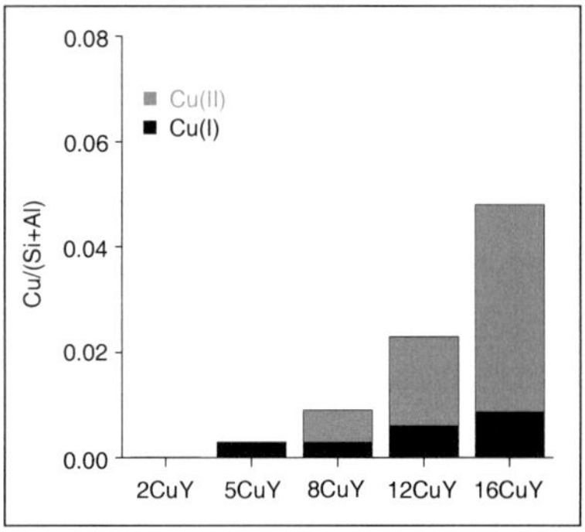

Abb. 3-3 Kupfergehalt bezogen auf Si+Al a) Katalysatoren, die nach der in Kapitel 2.2 beschriebenen Methode präpariert wurden, b) Katalysatoren, die zusätzlich inert bei 650°C (2CuY – 12CuY) bzw. 600°C (16CuY) behandelt wurden.

Es ist offensichtlich, dass mit zunehmender Kupferbeladung auch eine stetige Zunahme von Kupfer in Oberflächennähe auftritt, woran bei hohen Cu-Gehalten (≥ 8 %) hauptsächlich Cu^{2+}-Spezies beteiligt sind. Cu^{+}-Ionen wurden durch Reduktion von Cu^{2+} mit Ammoniak gebildet, das aus der thermischen Zersetzung von NH_4^{+}-Ionen des Zeolithen bei der Kalzinierung entsteht.[28] Isolierte Cu^{2+}-Spezies, wie sie bei geringen Kupfergehalten vorliegen, werden leichter reduziert, so dass bei 2CuY und 5CuY prozentual mehr Cu^{+} gebildet wird als bei höheren Cu-Gehalten. Der hohe Cu^{+}-Anteil, gerade bei den geringen Kupfergehalten, kann z. T. aber auch durch die Messmethode selber verursacht werden. So kann die hochenergetische Röntgenstrahlung in Verbindung mit dem Ultrahochvakuum zu einer teilweisen Reduktion von Cu^{2+} zu Cu^{+} führen.

Durch eine thermische Behandlung bei 600 – 650°C unter Argon (Abb. 3-3b) nahm der Cu-Gehalt insgesamt auf der Oberfläche ab, der Cu^{+}-Anteil dagegen zu. Offenbar bewirken hohe Temperaturen eine Migration der Cu-Kationen in den Zeolithen sowie eine Reduktion der Cu^{2+}-Spezies. Allerdings erfolgte nach einigen Tagen eine Re-Oxidation, und das Cu^{2+}/Cu^{+}-Verhältnis sowie der Cu-Gehalt an der Oberfläche erreichten den ursprünglichen Wert. Das zeigt, dass die Kupferspezies in diesem Katalysatorsystem sehr mobil sind und leicht reduziert und oxidiert werden, was für katalytische Reaktionen, die auf Redoxprozessen basieren, von Vorteil ist.

Da die XPS eine Oberflächenmethode ist, waren Rückschlüsse auf den Kupferanteil im Volumen kaum möglich. Dagegen konnte mit der **E**lektronen**s**pin**r**esonanzspektroskopie (ESR, bzw. EPR), die selektiv den Anteil der Cu^{2+}-Spezies im gesamten Feststoff nachweist, bei

16CuY 13 - 15 % des Gesamtkupfers als Cu^{2+}-Spezies identifiziert werden (**Tab. 7-2**). Im Gegensatz dazu wurden auf der Oberfläche des gleichen Katalysators mit der XPS etwa 93 % des eingesetzten Kupfers als Cu^{2+}-Spezies nachgewiesen. Bei geringeren Kupfermengen (4 - 5 % Cu) sind die Cu^{2+}-Anteile im Volumen und auf der Oberfläche mit je ~ 50 % vergleichbar. Offenbar reichern sich Cu^{2+}-Spezies mit zunehmendem Cu-Gehalt bevorzugt auf der Oberfläche an, vermutlich in Form von CuO, während Cu^{+}-Spezies dagegen eher im Zeolithgitter vorliegen, wo sie durch das intrinsische, elektrische Feld des Zeolithen stabilisiert werden.

3.4 Oxidationszustand und Koordinationsphäre der Cu-Spezies

Die UV-Vis-DR-Spektroskopie gibt Hinweise auf die nahe Umgebung der Cu-Kationen im Zeolithen sowie auf deren Oxidationszustand. Um die UV-Vis-spektroskopischen Veränderungen unter Reaktionsbedingungen aufklären zu können, wurde zunächst der Einfluss des Oxidationszustandes der Cu-Spezies und der Einfluss der Adsorbate auf die Spektren untersucht. Die Einstellung des Oxidationszustandes erfolgte durch Ausheizen (30 min bei 400°C) unter reduktiven (CO), oxidativen (O_2) und inerten (He) Bedingungen (Abb. 3-4a). Der Einfluss der Reaktanden auf die Spektren wurde bei niedrigen Temperaturen (Raumtemperatur) untersucht, um Oberflächenreaktionen auszuschließen (Abb. 3-4b).

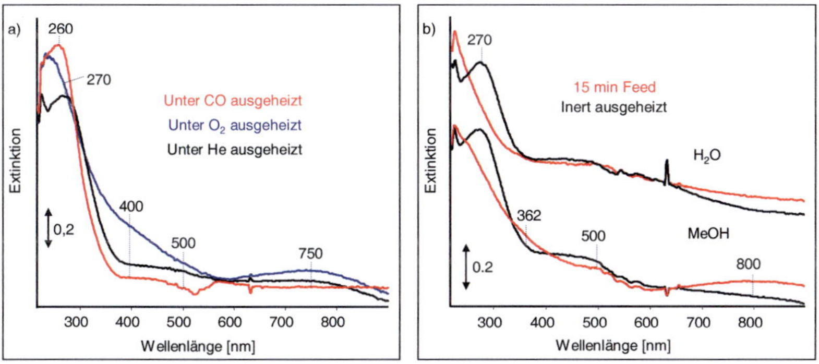

Abb. 3-4 a) UV-Vis-DR-Spektren von 13CuY bei 150°C nach reduktiver (CO), oxidativer (O_2) und inerter (He) Vorbehandlung; b) UV-Vis-DR-Spektren von inert ausgeheizten 13CuY bei Raumtemperatur mit adsorbiertem Wasser und Methanol.

Die in Abb. 3-4 gezeigten UV-Vis-Spektren von 13CuY können in drei Spektralregionen unterteilt werden:

220 – 300 nm

Intensive Banden in diesem Bereich charakterisieren einen Ligand → Metall-Ladungstransfer (**L**igand to **m**etal **c**harge **t**ransfer: LMCT), der aus den Wechselwirkungen der Liganden (Gitter-Sauerstoff, Wasser oder Methanol) mit den Cu^{2+}-Ionen resultiert.[76] Die Bandenpositionen sind dabei von der Art der Liganden abhängig. So zeigten die inert ausgeheizten Proben eine Bande mit einem Maximum bei 270 nm, die durch den Ladungstransfer vom Gittersauerstoff zu Cu^{2+} bedingt ist, während der LMCT nach MeOH- und H_2O-Dosierung, bedingt durch den Ligandenaustausch, bei kleineren Wellenlängen um 225 nm erfolgt.

Bei Cu^+-Ionen ist ein LMCT nicht möglich. Trotzdem war die Bande in dieser Region bei dem Katalysator am intensivsten, der unter reduzierenden Bedingungen behandelt wurde und laut CO-Adsorption vergleichsweise hohe Cu^+-Gehalte aufwies (siehe Abb. 7-2). In diesem Fall wird die beobachtete Bande um 260 nm von einem Elektronen-Übergang von $3d^{10} \rightarrow 3d^9 4s^1$ bei Cu^+-Spezies hervorgerufen, der von Spoto et al.[77] durch Anregungsspektren (480 nm und 545 nm) einer Cu^+-ZSM-5-Probe im UV-Bereich von 238 – 303 nm nachgewiesen wurde. Derartige Übergänge wiesen auch Carvalho et al.[78] nach Reduktion (unter CO) von Cu/ZSM-5-Proben anhand einer Bande bei 250 nm und Debnath und Das[79] bei Cu^+-Ionen in fast reinem Siliziumoxid durch eine Bande bei 260 nm nach.

In der Regel werden aber die $3d^{10} \rightarrow 3d^9 4s^1$-Übergangsbanden von den LMCT-Banden überlagert, so dass die Analyse von Cu^+-Spezies neben Cu^{2+}-Spezies in diesem Katalysatorsystem schwierig ist.

320 – 500 nm

Hohe Extinktionen in diesem Spektralbereich wurden bei den oxidativ behandelten Proben beobachtet und daher Wechselwirkungen zwischen Cu^{2+}-Ionen und Extragittersauerstoff zugeordnet. Übereinstimmend dazu werden in der Literatur Banden in dieser Region überwiegend mit der Anwesenheit eines über Extragitter-Sauerstoff verbrückten Kupfer–Paares im Zeolithen in Verbindung gebracht.[76, 80-85]

So wiesen Groothaert et al.[83] eine Cu_2O_2-Spezies mit der in Abb. 3-5 dargestellten Struktur durch Kombination von XAFS- und UV-Vis-Spektroskopie an einem Cu-ZSM-5-Zeolithen, bei dem die Austauschkapazität überschritten war und der zusätzlich mit Sauerstoff oxidiert wurde, nach. Im UV-Vis-Spektrum ist diese Spezies durch eine intensive Bande bei 440 nm gekennzeichnet. Weiterführenden Un-

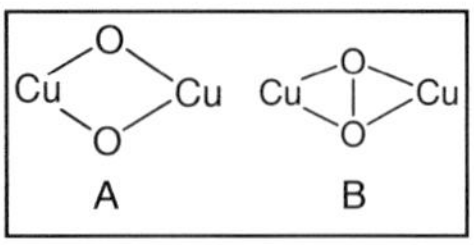

Abb. 3-5 Struktur von Bis(μ-oxo)dikupfer-Spezies.

tersuchungen von Smeets[84] an verschiedenen Zeolithen mit hohen Cu-Beladungen zeigten aber, dass diese Spezies zwar auch bei Mordenit gebildet werden, aber nicht bei Faujasiten, da bestimmte Anforderungen an die Geometrie des Porensystems nicht erfüllt sind. Deshalb kann die Bildung solcher Spezies am 13CuY-Zeolithen ausgeschlossen werden.

Die Bildung von $[Cu–O–Cu]^{2+}$-Oxokationen wurde dagegen durch ein ESR-Signal auch an Cu-Y-Zeolithen nachgewiesen.[86] Itho et al.[87] zeigten, dass hohe Cu-Beladungen und Kalzinierung unter Sauerstoff die Bildung dieser Spezies an Cu-ZSM-5 durch Kondensation von zwei $[Cu^{2+}(OH)^{-}]^{+}$-Ionen fördern. Sie wiesen diese Spezies im UV-Vis-Spektrum durch eine CT-Bande bei 440 nm nach. Teraoka et al.[88] fanden durch TPD-Untersuchungen von Sauerstoff sowie UV-Vis-DR- und Cu^{+}-Photolumineszenz-Spektroskopie an Cu-haltigen MFI-Zeolithen heraus, dass das Kupfer-Paar gemischte Valenzen haben kann, wobei ein Extragittersauerstoffatom Cu^{2+} und Cu^{+} verbrückt. Yashnik et al.[81] wiesen kettenartige $–Cu^{2+}–O^{2-}–Cu^{2+}–O^{2-}–$Strukturen, die gemischte Valenzen haben können, in den Kanälen von Cu-ZSM-5 durch einen Intervalenz-Ladungstransfer (**Inter**v**alence** **c**harge **t**ransfer: IVCT) zwischen 430 – 550 nm nach.

Bezogen auf die erhaltenen Spektren der eigenen CuY-Proben handelt es sich bei Banden in diesem Bereich offenbar um einen CT in kettenartigen $Cu^{2+}–O^{2-}–Cu^{2+}$-Strukturen oder um einen IVCT zwischen benachbarten und über ein Sauerstoffatom verbrückten Cu^{2+} und Cu^{+}-Ionen. Während mittels XRD nur CuO-Spezies nachgewiesen und kristallines Cu_2O ausgeschlossen werden konnte, ist die Bildung verschiedener Oxokationen wie $[Cu–O–Cu]^{+}$ und $[Cu–O–Cu]^{2+}$ sowie Kupferoxid-Aggregate möglich, die im Folgenden unter der Bezeichnung CuO_x zusammengefasst werden. CuO_x verdeutlichen dabei oxidische Agglomerate unbekannter Stöchiometrie, die aufgrund mangelnder Kristallinität oder aufgrund der geringen Größe keine Reflexe in den XRD-Aufnahmen zeigen.

600 – 900 nm

Die breiten Banden in dieser Region sind typisch für d-d-Übergänge zwischen den aufgespalteten d-Orbitalen von Cu^{2+} und waren daher bei der oxidierten Probe am intensivsten. Unterschiedliche Liganden beeinflussen die Aufspaltung der d-d-Orbitale und damit die Anregungsenergien, so dass eine Zuordnung der Banden zu den entsprechenden Cu^{2+}-Spezies möglich ist.[89] So werden um 850 nm die d-d-Übergänge von Cu^{2+} in CuO erwartet.[76] Diese waren aber im vorliegenden Fall nicht von den anderen d-d-Übergängen abgrenzbar und damit nicht nachweisbar. Cu^{+}-Ionen verfügen über eine komplett gefüllten 3d-Schale, so dass d-d-Elektronenübergänge bei diesen Spezies nicht existieren.

In der Abb. 3-6a sind die UV-Vis-DR-Spektren der unbehandelten und in der Abb. 3-6b die Spektren der bei 400°C in der Reaktionszelle ausgeheizten Katalysatoren 4CuY, 8CuY und 13CuY dargestellt.

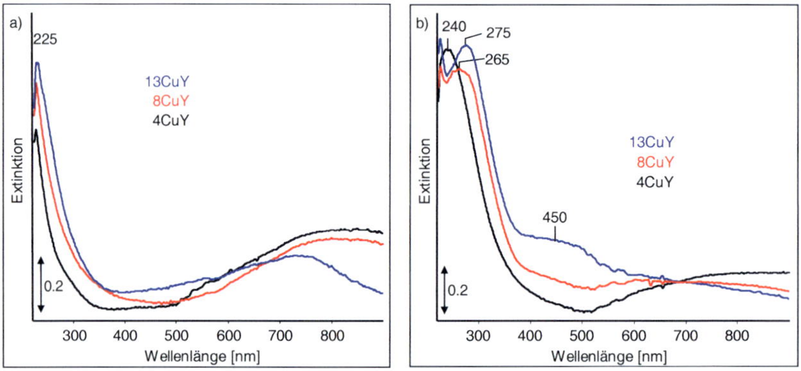

Abb. 3-6 UV-Vis-DR-Spektren der Katalysatoren 4CuY, 8CuY und 13CuY a) ex situ bei Raumtemperatur, b) nach Ausheizen bei 400°C in der DRIFTS-Reaktionszelle bei 150°C.

Die Bandenintensität um 225 nm (Abb. 3-6a) nahm mit zunehmendem Kupfergehalt zu. Die Bandenposition ist identisch zu der LMCT-Bande in dem Spektrum, das nach Hydratisierung von getrocknetem 13CuY erhalten wurde (siehe Abb. 3-4b) und wird daher einem Hexaaqua-Komplex $Cu(H_2O)_6^{2+}$ zugeordnet.

Bei hohen Kupfergehalten (13CuY) traten in der Spektralregion von 350 – 500 nm höhere Absorptionen auf. Außerdem war das Maximum der d-d-Bande im Vergleich zu Proben mit geringeren Kupfergehalten (830 nm) zu kleineren Wellenlängen (750 nm) verschoben. Diese Phänomene werden durch die unterschiedliche Umgebung der Cu-Kationen in Abhängigkeit vom Kupfergehalt verursacht. So liegen bei niedrigen Cu-Gehalten (< 8 %) überwiegend isolierte Cu^{2+}-Kationen, stabilisiert als Hexaaqua-Komplex vor, während bei hohen Kupfergehalten auch Cu^{2+}-Kationen mit anderer Koordinationsphäre existieren, was zu einer veränderten Aufspaltung der d-d-Orbitale und damit veränderter Anregungsenergie führt.

Werden Spektren nach dem Ausheizen der Katalysatoren bei 400°C aufgenommen (Abb. 3-6b), so unterscheiden die sich deutlich von denen der unbehandelten Katalysatoren. Die LMCT-Bande (225 nm) ist zu größeren Wellenlängen verschoben. Die Verschiebung ist dabei umso stärker, je höher der Kupfergehalt ist (240 < 265 < 275 nm). LMCT-Banden werden durch Ladungsübergänge von Liganden zum Metall hervorgerufen, so dass deren Position von der Art der Liganden abhängig ist.[76] Durch die Dehydratisierung bei 400°C findet ein Ligandenaustausch von Wassermolekülen gegen Sauerstoffanionen des Zeolithgitters statt, der die beobachtete Verschiebung der LMCT-Bande bedingt.

Weiterhin war nach dem Ausheizen bei 8CuY ein Plateau im Bereich von 350 – 500 nm sichtbar, das bei 13CuY wesentlich intensiver war. Extinktionen in dieser Region konnten aufgrund vergleichender Experimente unter oxidativen Bedingungen (Abb. 3-4a) und in Übereinstimmung mit der Literatur als CT und IVCT von Oxokationen wie $[Cu^{2+}–O^{2-}–Cu^{2+}]^{2+}$ und $[Cu^{+}–O^{2-}–Cu^{2+}]^{+}$ sowie Kupferoxid-Aggregaten zugewiesen werden.[81, 87, 88, 90] Da dieses Plateau erst bei hohen Cu-Gehalten sichtbar wird, ist davon auszugehen, dass die Bildung dieser Spezies bevorzugt bei überschrittener Austauschkapazität, also höherer Cu-Beladung stattfindet. Übereinstimmend dazu berichten Yashnik et al.[81], dass höhere Cu-Gehalte erforderlich sind als vorhandene Austauschplätze, die die isolierten Cu-Kationen stabilisieren. Cu-Kationen in den kettenartigen Strukturen sollen besonders leicht reduziert und re-oxidiert werden können und gelten deshalb als aktive Spezies in katalytischen Reaktionen, die auf Redoxvorgängen beruhen.[76]

3.5 IR-spektroskopische Charakterisierung

Die FTIR-Startspektren von 0CuY und von den Katalysatoren mit verschiedenen Kupfergehalten nach dem Ausheizen und Abkühlen auf 150°C sind in den Abb. 3-7 dargestellt.

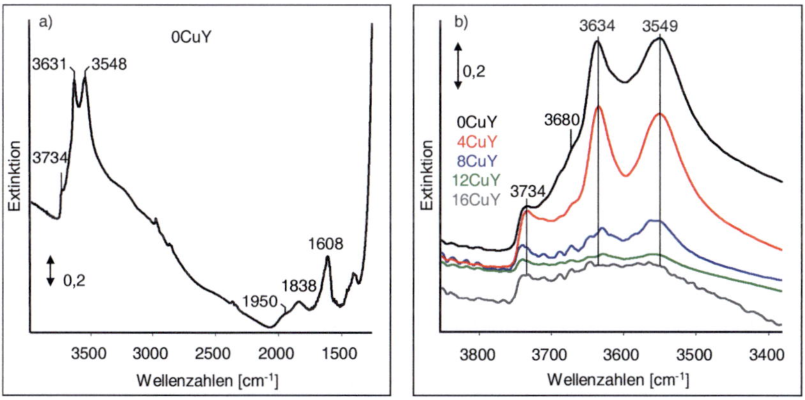

Abb. 3-7 FTIR-Spektren nach Ausheizen und Abkühlen auf 150°C von a) 0CuY im gesamten Spektralbereich, b) Katalysatoren mit 0 - 16 % Cu im Spektral-Bereich 4000 - 3400 cm^{-1}.

Das Spektrum von 0CuY zeigte im Bereich von 3530 – 3650 cm^{-1} zwei Banden, die OH-Valenzschwingungen von Brønsted-aziden OH-Gruppen an verschiedenen Positionen im Zeolithgitter zuzuordnen sind.

Die Bande bei 3634 cm^{-1} (high frequency = HF-Bande) wird in der Literatur übereinstimmend OH-Gruppen in den großen Käfigen (Superkäfige) der Faujasitstruktur zugeordnet, während die Bande bei 3549 cm^{-1} (low frequency = LF-Bande) von OH-Gruppen in kleineren Baueinheiten (Sodalithkäfige und hexagonale Prismen) herrührt.[12, 16, 20, 91] Bei 3734 cm^{-1} war eine schwache Bande sichtbar, die von isolierten Silanolgruppen stammt.[91] Hinweise auf die Existenz von Extragitter-Al–OH (schwache Schulter bei 3680 cm^{-1})[20] wurden bei 0CuY beobachtet und belegen die in Kapitel 3.1 beschriebene Dealuminierung des Zeolithen während des Kalzinierens bei 400°C. Die Banden bei 1950, 1838 und 1608 cm^{-1} sind Kombinationsbanden der Si–O/Al–O-Valenzschwingungen des Zeolithgerüstes, die unterhalb von 1350 cm^{-1} auftreten. Aufgrund der sehr starken Gerüstschwingungen ist der Bereich unterhalb von 1350 cm^{-1} optisch dicht.

Bei Vorhandensein geringer Cu-Mengen (4 %) traten im Bereich der OH-Valenzschwingung zunächst intensivere und besser aufgelöste OH-Banden (Abb. 3-7b) auf. Dieses Verhalten wird einem Struktur-Stabilisierenden Effekt der Kupferspezies zugeschrieben.[28] Dies wurde zum einen durch die BET-Ergebnisse bestätigt, die zeigten, dass die Anwesenheit geringer Mengen Kupfer zu einer thermischen Stabilisierung führt, die den Erhalt der Oberfläche ermöglicht und zum anderen durch die Abwesenheit der Extragitter-Al–OH-Bande um 3680 cm^{-1} bei kupferhaltigen Proben. Mit steigendem Kupfergehalt nahm die Intensität der Banden bei 3634 und 3547 cm^{-1} ab, da die Protonen schrittweise durch Kupfer ersetzt wurden. Dabei erfolgte die Abnahme der Bandenintensität bei 3634 cm^{-1} etwas schneller als die bei 3549 cm^{-1}. Demnach werden die Protonen im Superkäfig bevorzugt ausgetauscht, während der Zugang für Kupfer zu den Positionen in den kleineren Baueinheiten des Zeolithen erschwert ist.

3.6 Position der Cu(II)- und Cu(I)-Spezies im Y-Zeolithen

Die Adsorption von CO bei Raumtemperatur ermöglicht den Nachweis von Cu^+ als stabile Cu^+–CO-Komplexe, während NO mit Cu^{2+} stabile Cu^{2+}–NO-Komplexe bildet. Domke[66] konnte zeigen, dass durch Adsorption von CO und nachfolgender Adsorption von NO Aussagen in Bezug auf Cu^+ neben Cu^{2+} bei CuY-Zeolithen möglich sind.

Es existieren zahlreiche IR-Studien zur CO-Adsorption an Cu-haltigen Zeolithen.[92-98] So ist bekannt, dass bei Raumtemperatur und unter Normaldruck nur an Cu^{+}-Zentren stabile Carbonylkomplexe gebildet werden, aber nicht mit Cu^{0} und Cu^{2+}.[76, 99-102]

Der stabile Cu^{+}-CO-Komplex resultiert aus einem synergetischen Bindungsmechanismus (Abb. 3-8).[101, 104] Dabei bildet CO mit seinem einsamen Elektronenpaar am Kohlenstoffatom eine σ-Bindung zum Übergangsmetall, so dass dort eine hohe Elektronendichte entsteht, die von den unbesetzten π-Orbitalen des CO aufgenommen werden kann und eine π-Rückbindung erfolgt. Die Rückbindung vom d-Orbital des Metalls zum π-Orbital von CO erhöht die negative Ladung am CO, wodurch wiederum die σ-Bindung verstärkt wird. Die Bindungen verstärken sich so gegenseitig.[105, 106]

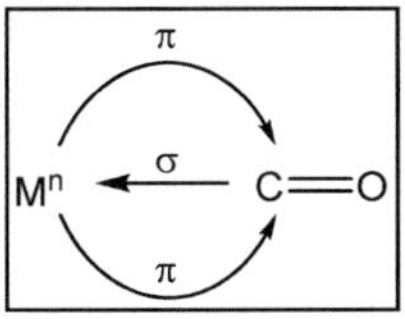

Abb. 3-8 Synergetisches Bindungsmodell typischer Metallcarbonyle (nach Willner und Aubke[103]).

Im Gegensatz dazu hat Cu^{0} eine geringere Aufnahmekapazität für die Elektronen von CO als Cu^{+}. Daher vermuten Hadjiivanov et al.[107] sowie Borgard et al.[102] hauptsächlich eine π-Bindung und nur eine sehr schwache σ-Bindung, was zu instabilen Komplexen führt. Zwischen CO und Cu^{2+} spielen eher elektrostatische Kräfte und eventuell eine σ-Bindung eine Rolle, da Cu^{2+}-Kationen eine zu geringe d-Elektronendichte für die π-Rückbindung haben.[76, 101, 102] Die Cu^{2+}-Kationen bilden stattdessen mit NO stabile Mononitrosylkomplexe,[108] während Cu^{+}-NO-Spezies bei Raumtemperatur sowie Normaldruck und darüber nicht stabil sind.[109]

Um den Oxidationszustand der Cu-Spezies in den CuY-Zeolithen zu untersuchen, wurde zuerst die CO-Adsorption an 4CuY, 8CuY und 16CuY bei Raumtemperatur FTIR-spektroskopisch untersucht (Abb. 3-9a) und anschließend die NO-Adsorption am selben Katalysator (Abb. 3-9b).

Nach dem Entfernen von CO aus der Gasphase durch Evakuieren der Zelle waren Banden bei 2160 cm^{-1} (**h**igh **f**requency band = HF) und 2146 cm^{-1} (**l**ow **f**requency band = LF) sichtbar. In den DRIFT-Spektren (hier nicht abgebildet) konnte bei 13CuY außerdem eine Bande bei 2113 cm^{-1} beobachtet werden, deren Intensität bei den FTIR-Spektren jedoch äußerst schwach ist. Die Valenzschwingung ν(CO) von gasförmigem CO liegt bei 2143 cm^{-1}.[76] Durch die oben beschriebenen Wechselwirkungen mit den Cu-Kationen treten Verschiebungen der ν(CO)-Banden im Vergleich zum Gasphasenspektrum auf.

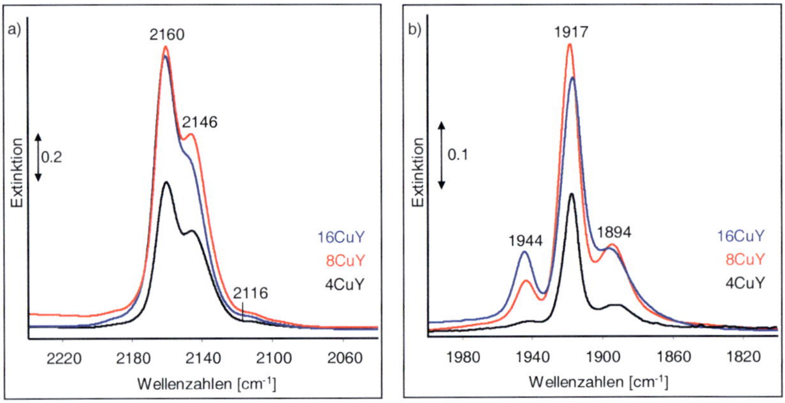

Abb. 3-9 a) CO-Adsorbatspektren, b) NO-Adsorbatspektren, jeweils bei Raumtemperatur von verschiedenen CuY.

So führt die σ-Bindung zu einer Abnahme der Elektronen-Dichte im antibindendem σ-Orbital von CO, wodurch die C–O-Bindung verstärkt und die Frequenz der ν(CO) zu größeren Wellenzahlen (höhere Anregungsenergie) verschoben wird. Gleichzeitig erhöht die π-Rückbindung die Elektronen-Dichte im antibindenden π*-Orbital von CO, was wiederum zu einer Schwächung der C–O-Bindung führt und eine Verschiebung zu kleineren Wellenzahlen bewirken sollte.[104] Die relativen σ- und π-Beiträge sind je nach Position der Cu^+-Spezies im Zeolithgitter unterschiedlich stark ausgeprägt, so dass die zwei intensiven Banden im Spektralbereich von 2160 – 2140 cm^{-1} den ν(CO)-Schwingungen von Cu^+-Monocarbonylspezies in verschiedenen Positionen im Zeolithgitter zugeordnet werden können.[94, 104]

Extragitter-Kationen können an fünf verschiedenen Positionen in der Faujasitstruktur lokalisiert sein (Abb. 3-10): [104, 110]

I: Im Zentrum eines hexagonalen Prismas

I*: Im Sodalithkäfig oberhalb der hexagonalen Prismen

II: Im Superkäfig vor den 6-Ring Fenstern

II*: Im Sodalithkäfig vor den 6-Ring Fenstern

III: Unterschiedliche Positionen in der Nähe von 4-Ring Fenstern im Superkäfig (nur bei niedrigem Si/Al-Verhältnis wie im Zeolithen X von Kationen besetzt)

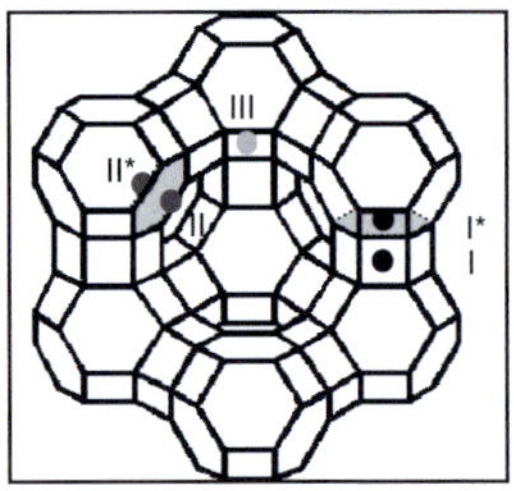

Abb. 3-10 Kationenplätze im Faujasit (nachGoursot et al. [110]).

Prinzipiell besetzen Cu-Kationen im Y-Zeolithen die Positionen I, I*, II und II*, von denen nur die II und II* für CO zugänglich sind. Die Kationen in Position I sind im hexagonalen Prisma lokalisiert und haben eine oktaedrische Koordination zu Sauerstoff (sechs Sauerstoffliganden), während sich die Kationen in den Positionen I*, II und II* jeweils im Zentrum eines Sechsfach-Ringes befinden und zu je drei Sauerstoffatomen koordiniert sind.[104] Im Fall der Position I* handelt es sich um den Sechsring, der die hexagonalen Prismen mit den Sodalithkäfigen verbindet und im Fall der Positionen II und II* um einen Sechsring, der die Sodalithkäfige mit den Superkäfigen verbindet.[18] Auf Grund der Coulombschen Abstoßung können sich die Kationen entweder auf Position I oder I* bzw. auf Position II oder II* befinden. Die simultane Besetzung benachbarter I- und I*-Positionen sowie II- und II*-Positionen ist verboten.[104]

Da im Y-Zeolithen nur die Positionen II und II* für CO zugänglich sind, werden die zwei Banden bei 2160 und 2140 cm^{-1} Monocarbonylkomplexen an diesen Positionen zugewiesen.[104] Borovkov und Karge[95] sowie Turnes Palomino et al.[104] fanden experimentell heraus, dass die Cu^+-Kationen während der CO-Dosierung allmählich von den Positionen I* und II* zu der Position II beim Superkäfig migrieren, die dem CO stärker ausgesetzt sind. In beiden Veröffentlichungen wird die HF-Bande daher einem Monocarbonylkomplex an der Position II zugewiesen. Die LF-Bande wird konsequenterweise dem Monocarbonylkomplex an der Position II* zugeordnet.

Rejmak et al.[111] konnten dagegen durch theoretische Berechnungen nachweisen, dass eine Lokalisierung von Cu^+ in der Position II und Position II* im CuY-Zeolithen anhand der Valenzschwingung von adsorbiertem CO nicht möglich ist, da Cu^+ durch CO in eine optimale Bindungsposition „gezogen" wird. Nach deren Berechnungen werden die beiden ν(CO)-Banden durch eine unterschiedliche Anzahl an Al-Atomen in der Nachbarschaft der Cu^+-Kationen erklärt, die die Bindungsstärke von Cu^+ im Sechsfachring beeinflussen und dadurch wiederum auf den σ- und π-Anteil der Cu–CO-Bindung Einfluss haben. So stammt die HF-Bande von der Cu^+–CO-Spezies innerhalb eines hexagonalen Ringes mit einem Al-Atom, während die LF-Bande von den Cu^+–CO-Spezies innerhalb eines hexagonalen Ringes mit zwei Al-Atomen stammt. Die Spezies in dem Ring mit zwei Al-Atomen sollte durch die höhere negative Ladung stärker im Sechsfachring gebunden sein und unter CO-Dosierung weniger stabile Carbonyle bilden.

Das Intensitätsverhältnis beider Banden gibt Informationen über die Verteilung der Cu^+-Kationen in den unterschiedlichen Positionen. Nach den Berechnungen von Rejmak et al.[111]

und den eigenen experimentellen Ergebnissen ist die Besetzung innerhalb des Sechsfachringes mit nur einem Al-Atom bevorzugt, da die ν(CO)-Bande bei 2160 cm^{-1} dominierend war.

Bei 16CuY war eine zusätzliche Bande bei 2116 cm^{-1} sichtbar, die in den DRIFT-Spektren besser erkennbar ist. In diesem Bereich überlagern sich die Banden von Cu^0–CO und Cu^+–CO in oxidischer Umgebung.[76, 96, 112] Da selbst bei Reduktion der Proben mit CO (bis 650°C) und anschließender XRD-Analyse kein Cu^0 nachgewiesen wurde, wird die Bande bei 2116 cm^{-1} Cu^+–CO in oxidischer Umgebung im Superkäfig zugeordnet. Tatsächlich wurde mittels XRD die Anwesenheit von CuO und mittels UV-Vis-DRS die Anwesenheit von CuO_x-Spezies bei Katalysatoren mit einem Cu-Gehalt von ≥ 13 % nachgewiesen.

Gasförmige NO-Moleküle zeigen eine ν(NO)-Bande bei 1876 cm^{-1}.[108] Wenn NO an Cu^{2+}-Ionen bindet, findet ein Übergang von ungepaarten Elektronen des antibindenden 2π Orbitals von NO zu dem partiell gefüllten 3d-Orbital der Cu^{2+}-Ionen statt. Durch den Elektronentransfer verändert sich die Bindungsstärke der N–O-Bindung, und die Bandenposition der Cu^{2+}–NO-Schwingung wird zu größeren Wellenzahlen verschoben.[108] Adsorbiertes NO an CuY-Zeolithen zeigte im FTIR-Spektrum (Abb. 3-9b) drei charakteristische Banden bei 1944 (**h**igh **f**requency band = HF), 1917 (**m**iddle **f**requency band= MF) und 1894 cm^{-1} (**l**ow **f**requency band= LF), die in Anlehnung an Valyon und Hall[109] sowie Davydov und Lokhov[113] der N–O-Valenzschwingung in Cu^{2+}–NO-Komplexen zugeordnet werden, wobei sich die Cu^{2+}-Spezies an verschiedenen Positionen im Zeolithgitter befinden. Im Bereich von 1650 – 1500 cm^{-1} (in Abb. 3-9b nicht dargestellt) treten außerdem adsorbierte Nitrat-Spezies auf.[113]

Nach Davydov und Lokhov[113] ist die Bande bei 1894 cm^{-1} auf stark assoziierte Cu^{2+}-Spezies zurückzuführen, die kovalent an Extragittersauerstoff als Cu^{2+}–O^{2-}–Cu^{2+}-Spezies gebunden sind, während die intensivste Bande bei 1917 cm^{-1} isolierten Cu^{2+}-Spezies zugewiesen wird. Die Bande bei 1944 cm^{-1} soll durch den Mononitrosylkomplex von schwach assoziierten Cu^{2+}-Spezies hervorgerufen werden, wobei diese Spezies nicht näher definiert wurden. Interpretiert man die Spektren in Abb. 3-9b vor diesem Hintergrund, so zeigten Katalysatoren mit geringem Cu-Gehalt (4 %) neben isolierten Cu^{2+}-Spezies bereits Cu^{2+}-Spezies in Form von $[Cu–O–Cu]^{2+}$. Bei einem Kupfergehalt von 8 % traten zusätzlich auch schwach assoziierte Cu^{2+}-Spezies auf, die mit steigendem Kupfergehalt kontinuierlich zunahmen. Die Banden für isolierte und stark assoziierte Cu^{2+}-Spezies nahmen dagegen bei einem Cu-Gehalt von > 8 % wieder leicht ab. Gegen diese Zuordnung spricht vor allem die Tatsache, dass die Bildung von $[Cu–O–Cu]^{2+}$ höhere Cu-Gehalte erfordert, so dass dicht benachbarte Cu^{2+}-Spezies vorliegen, die über ein Sauerstoffatom verbrückt werden können. Die UV-Vis-DR-Untersuchungen zeigten aber, dass erst bei Kupfergehalten von > 8 % $[Cu–O–Cu]^{2+}$-Spezies durch ihre typischen CT- und IVCT-Banden nachgewiesen werden und keinesfalls bei 4 %. Außerdem ist bei dieser Bandenzuordnung nicht klar, worum es sich bei „schwach assoziierten“ Cu-Spezies handelt.

Nach Dědeček et al.[108] werden die verschiedenen Banden, analog zu den Banden der CO-Adsorption, maßgeblich durch die Anzahl und Lokalisierung der zu Cu^{2+} benachbarten Al-Atome im Gitter bestimmt. Diese beeinflussen wiederum die Fähigkeit der Cu^{2+}-Kationen, Elektronen der NO-Moleküle anzuziehen und wirken sich damit auf die Bandenposition aus. Nach deren Untersuchungen repräsentiert die intensive MF-Bande bei 1917 cm^{-1} einen Komplex an einem Cu^{2+}-Kation, das sich in Nachbarschaft zu zwei Al-Atomen befindet, so dass die negative Ladung des Sechsfachringes durch das zweiwertige Cu-Kation ausgeglichen wird. Diese Position wird von Cu^{2+} bevorzugt besetzt und ist ab einem Cu-Gehalt von 8 % gesättigt. Die LF-Bande resultiert aus einem Cu^{2+}–NO-Komplex in Nachbarschaft zu einem Al-Atom. Diese Position wird nach Dědeček et al.[108] schon bei geringen Cu-Gehalten besetzt, was mit den eigenen Beobachtungen übereinstimmt. Die Wechselwirkung zwischen dem Al-Zentrum und dem Cu^{2+} ist schwächer, so dass die Cu^{2+}-Spezies in dieser Position leichter reduziert werden können als in der erst genannten Position. Bis zu einem Kupfergehalt von 8 % nahm die Intensität der LF-Bande im Vergleich zur MF-Bande stärker zu, woraus folgt, dass mit zunehmendem Cu-Gehalt die Positionen mit nur einem Al-Atom in der Nachbarschaft stärker zunehmen. Ab einem Kupfergehalt von 8 % sind auch diese Positionen gesättigt. Die Bande bei 1944 cm^{-1} wird nicht näher beschrieben, kann aber einen Komplex an Cu^{2+}-Spezies in oxidischer Umgebung anzeigen, da die Bande erst bei höheren Kupfergehalten auftrat und bei dem höchsten Cu-Gehalt am intensivsten war.

Bei Kupferbeladungen ab 8 % wurden sowohl bei der CO- als auch bei der NO-Adsorption keine signifikanten Veränderungen in den Bandenintensitäten beobachtet, obwohl die Austauschkapazität noch nicht erreicht war. Hier muss aber berücksichtigt werden, dass sich das Cu^{2+}/Cu^{+}-Verhältnis nicht unbedingt proportional ändert, da gerade bei Raumtemperatur, wie in den dargestellten Experimenten, verschiedene Reaktionen von CO und NO an den Cu-Spezies ablaufen. So wirkt CO reduzierend und führt zur Bildung von Cu^{+}-Kationen, während die Oxidation von NO zu Nitratspezies führt, die Cu^{2+}-Zentren blockieren.[101] Gleichzeitig entsteht bei der Bildung der Nitratspezies Wasser, welches auch wieder Reaktionen eingehen kann. Damit sind quantitative Aussagen zum Cu^{2+}/Cu^{+}-Verhältnis aus den durchgeführten Experimenten nicht möglich. Dafür sind Untersuchungen bei sehr niedrigen Temperaturen um -100°C erforderlich.

Zusätzlich ist zu berücksichtigen, dass Kationen in den Positionen II* nur bedingt und Kationen in den Positionen I und I* überhaupt nicht zugänglich für CO- oder NO-Moleküle sind, so dass ein Teil der Cu-Spezies durch Sondenmoleküle gar nicht erst erfasst werden kann.

3.7 Azidität

Die Aziditätsuntersuchungen mit Pyridin liefern Informationen über den Austauschgrad der aziden Protonen gegen Cu-Kationen bzw. darüber, welche aziden Zentren vorliegen.

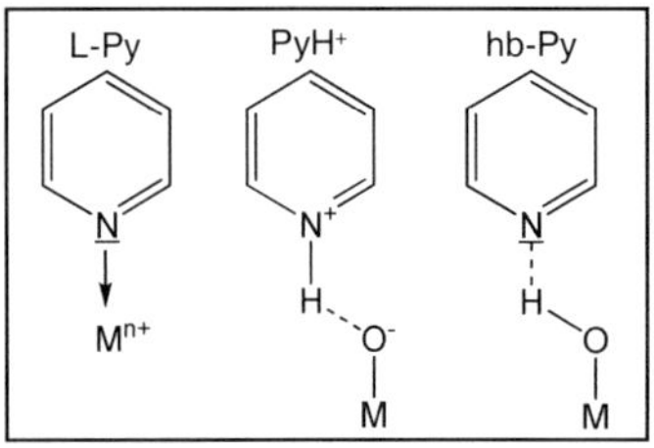

Abb. 3-11 Wechselwirkung von Pyridin mit Lewis Zentren und OH-Gruppen.

Pyridin ist ein basisches Molekül (Abb. 3-11) und wechselwirkt aufgrund seines einsamen Elektronenpaars am Stickstoff mit Lewis-aziden Zentren über eine koordinative Bindung (L-Py), während Brønsted-azide Zentren Pyridin protonieren (PyH^+). Darüber hinaus wechselwirkt Pyridin über Wasserstoffbrückenbindung mit sehr schwach aziden OH-Gruppen (hb-Py).[114-116]

Die Protonierung von Pyridin zum Pyridiniumion wird durch das Auftreten einer Bande um 1540 cm^{-1} angezeigt und konnte von Parry[117] auf Grundlage von Deuterierungs-Experimenten einer Kombinationsschwingung, bei der die N^+-H-Deformationsschwingung involviert ist, zugeordnet werden. Die Ring-Schwingungsmoden 8a und 19b von Pyridin (1585 cm^{-1} und 1440 – 1465 cm^{-1}) reagieren dagegen sehr empfindlich auf die Wechselwirkungen des einsamen Elektronenpaares am Stickstoff, so dass Lewis-azide Zentren durch Banden bei 1445 – 1460 cm^{-1} und 1600 – 1625 cm^{-1} und schwach azide OH-Gruppen durch Banden bei 1440 – 1447 cm^{-1} und 1580 – 1600 cm^{-1} identifiziert werden können. Um die hb-Py von den L-Py zu unterscheiden, muss die Probe auf 150°C erhitzt werden, da hb-Py thermisch instabil ist und bei dieser Temperatur desorbiert. Die Intensität von L-Py-Banden im Bereich 1445 – 1460 cm^{-1} gibt einen Hinweis auf die Konzentration der Lewis-aziden Zentren, während die Bandenpositionen im Bereich 1600 – 1625 cm^{-1} Aussagen über die Stärke der Lewis-aziden Zentren ermöglichen.[115]

Die Pyridin-Adsorbatspektren von CuY-Proben mit unterschiedlichen Cu-Gehalten sind in Abb. 3-12 dargestellt. Die Spektren wurden bei 150°C aufgenommen, um hb-Py-Banden auszuschließen.

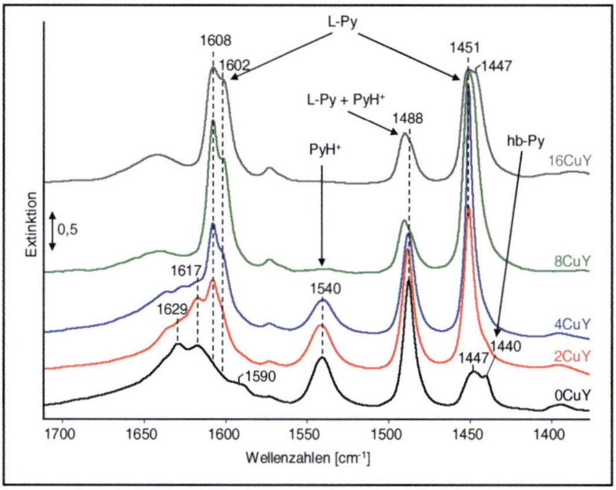

Abb. 3-12 Pyridin-Adsorbat-Spektren bei 150°C an verschiedenen CuY-Proben.

Die kupferfreie Probe (0CuY) zeigte eine intensive PyH^+-Bande bei 1540 cm^{-1}, L-Py-Banden bei 1447, 1617 und 1629 cm^{-1} sowie schwache Banden durch restliches hb-Py bei 1440 und 1590 cm^{-1}. Die L-Py-Banden bei 1617 und 1629 cm^{-1} deuten auf Al^{3+}-Lewis-Zentren in zwei unterschiedlichen Positionen in der Zeolithstruktur hin. Die Wechselwirkung von Pyridin mit Lewis-aziden Zentren führt zur Bildung einer koordinativen Bindung. Dies bewirkt eine Verschiebung der Ringschwingungsmoden von Pyridin, die umso stärker ist, je stärker die Wechselwirkung ist, bzw. je azider das Lewis-Zentrum ist.[116] Daher sind die Al^{3+}-Kationen, die durch die Bande bei 1629 cm^{-1} ($\Delta\nu$ = 44 cm^{-1}, im Vergleich zu 1585 cm^{-1} bei nicht adsorbiertem Pyridin) charakterisiert wurden, azider als die Al^{3+}-Kationen, die durch die Bande bei 1617 cm^{-1} ($\Delta\nu$ = 32 cm^{-1}) beschrieben wurden.

Die Intensität der PyH^+-Bande nahm mit Einführung von Kupfer und steigendem Kupfergehalt ab, da Zeolith-Protonen gegen Cu-Kationen ausgetauscht werden. Bei Kupferbeladungen über acht Masseprozent wurde keine Brønsted-Azidität mehr nachgewiesen, woraus folgt, dass ein kompletter Protonenaustausch stattgefunden hat. Normalerweise sollte aber die maximale Austauschkapazität bei einem Kupfergehalt von 8 % (1,22 mmol/g) noch nicht erreicht sein, selbst wenn das gesamte Kupfer als Cu^{2+}-Spezies vorliegt. Echoufi und Gélin[118] weisen darauf hin, dass sterische Effekte die Pyridinadsorption an aziden Protonen in den Sodalithkäfigen und hexagonalen Prismen behindern und dass ein Superkäfig aufgrund von elektrostatischen Effekten maximal vier Pyridiniumionen aufnehmen kann. Das bedeutet, dass offenbar nicht alle OH-Gruppen nachgewiesen und damit eine geringere Brønsted-Azidität angezeigt wurde.

Die Ausbildung einer intensiven L-Py-Bande bei 1451 cm^{-1} konnte bereits bei geringen Mengen an Cu-Kationen beobachtet werden. Diese wurde mit steigendem Kupfergehalt breiter. Gleichzeitig traten neue Banden bei 1602 und 1608 cm^{-1} auf, während die Banden bei 1617 und 1629 cm^{-1} verschwanden. Diese Befunde weisen auf die Bildung neuer Lewis-Zentren

(Cu-Kationen) hin, die die Al-Kationen überdecken. Die Beobachtung zweier L-Py Banden oberhalb von 1600 cm^{-1} führt zu dem Schluss, dass zwei Lewis-Zentren unterschiedlicher Stärke vorhanden sind, was entweder durch die Existenz unterschiedlicher Wertigkeitsstufen der Cu-Kationen oder durch unterschiedliche Positionen von Cu^{+}/Cu^{2+}-Lewis-Zentren im Zeolithgitter bedingt ist, ähnlich den Befunden aus der CO- und NO-Adsorption (Kapitel 3.6).

Untersuchungen von Naccache und Ben Taarit[119] bezüglich der Azidität von ausschließlich Cu^{2+}-haltigen sowie reduzierten, ausschließlich Cu^{+}-haltigen Y-Zeolithen zeigten, dass sowohl Cu^{2+}- als auch Cu^{+}-Kationen Lewis-Zentren in derselben Stärke erzeugen, so dass unabhängig von der Wertigkeit nur eine Bande auftritt. Frühere Untersuchungen von Engeldinger[100] ergaben, dass durch Einführung von Kupfer Lewis-Zentren verschiedener Stärke gebildet werden, die aus Cu^{+}/Cu^{2+}-Kationen im Superkäfig resultierten. Daher werden die beiden L-Py-Banden (1602/1608 cm^{-1}), Cu-Lewis-Zentren an unterschiedlicher Position im Superkäfig zugeordnet.

Die geringeren Bandenintensitäten von L-Py bei 16CuY resultieren wahrscheinlich aus der Agglomeration von Kupferkationen unter Bildung von CuO_x-Spezies.

3.8 Katalytische Testung

Der Umsatz von MeOH und die Selektivitäten (bezogen auf MeOH) der Produkte DMC, DMM, DME und MF bei der oxidativen Carbonylierung von Methanol in Abhängigkeit der Temperatur sind in Abb. 3-13 für die Katalysatoren 4CuY (a), 8CuY (b) und 16CuY (c) dargestellt. Die Abb. 3-13d zeigt die Selektivitäten der Produkte bei einer Temperatur von 150°C in Abhängigkeit von der Kupferbeladung.

Aus den Abbildungen folgt, dass eine steigende Temperatur bei allen Katalysatoren zu höheren MeOH-Umsätzen führte, insbesondere im Falle von 4CuY. Bei 4CuY wird fast ausschließlich DME gebildet während die Selektivitäten von DMC und DMM mit steigender Kupferbeladung zunehmen.

Es ist bekannt, dass die Bildung von DME nach zwei Routen erfolgt. Nach der ersten Route wird DME durch Dehydratisierung von MeOH gebildet, wofür nur Brønsted-azide und benachbarte Lewis-azide Zentren nötig sind (Gl. 3-1).[120]

$$2CH_3OH \rightarrow (CH_3)_2O + H_2O \qquad \textbf{Gl. 3-1}$$

Diese Reaktion wird offenbar durch hohe Temperaturen begünstigt, da im Falle von 4CuY eine Temperaturzunahme von 130°C auf 170°C zu einem zehnmal so hohen MeOH-Umsatz (1,1 → 11,0 %) bei fast gleichbleibender DME-Selektivität (100 → 98 %) führte.

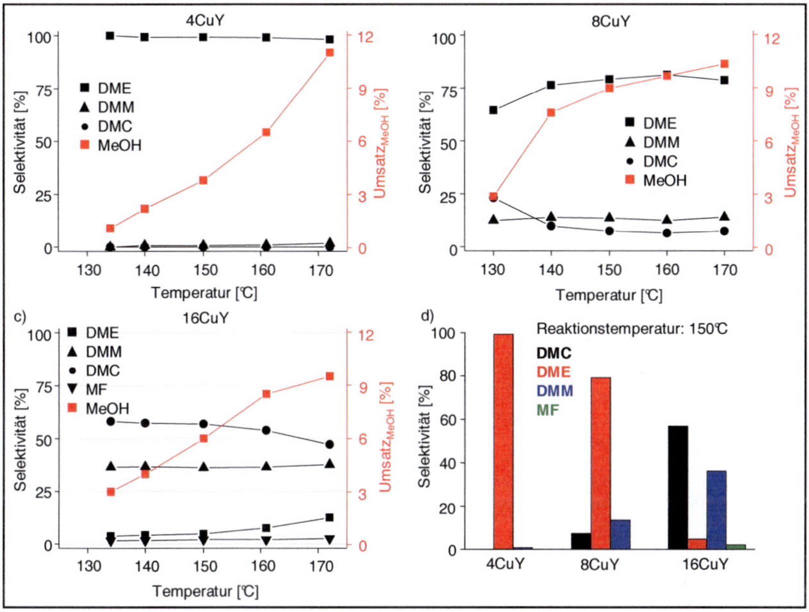

Abb. 3-13 Katalytische Ergebnisse bei einem Druck von 4 bar, a) 4CuY, b) 8CuY, c) 16CuY, d) Selektivitäten von DMC, DME, DMM und MF bei 150°C.

In einer zweiten Route erfolgt die DME-Bildung über die Zersetzung von DMC (Gl. 3-2) und DMM (Gl. 3-3) an Brønsted-aziden Zentren.[10]

$$(CH_3O)_2CO \rightarrow (CH_3)_2O + CO_2 \qquad \textbf{3-2}$$

$$(CH_3O)_2CH_2 \rightarrow (CH_3)_2O + CH_2O \qquad \textbf{3-3}$$

Diese Reaktionen treten bei Katalysatoren auf, bei denen einerseits DMC und DMM gebildet werden und andererseits noch restliche Brønsted-azide Zentren vorhanden sind, die die Reaktion katalysieren. Deshalb wurden auch bei dem Katalysator 8CuY noch hohe DME-Selektivitäten von etwa 80 % nachgewiesen.

Da beide Reaktionen Brønsted-Azidität erfordern, nahm die DME-Bildung mit zunehmendem Cu-Gehalt und daraus resultierender geringerer Brønsted-Azidität ab.

MF wurde nur bei dem höchsten Kupfergehalt und hoher Temperatur (≥ 150°C) nachgewiesen. Da MF durch Oxidation von Oberflächenmethoxy-Gruppen über Dioxymethlyen-Spezies zu Formiat und anschließender Reaktion mit MeOH gebildet wird,[9, 32] ist klar, dass die Anwesenheit von CuO_x-Spezies und CuO bei hohen Cu-Gehalten die Bildung von MF begünstigen.

Bezüglich der DMC-Bildung wurden die besten Ergebnisse bei Katalysatoren mit hohem Kupfergehalt wie 16CuY und Temperaturen zwischen 130 – 150°C erhalten. Bei geringeren Temperaturen waren die MeOH-Umsätze zu niedrig und bei höheren nahmen Nebenreaktionen wie die Dehydratisierung zu DME und unselektive Oxidationsreaktionen zu MF zu. Bei einer Temperatur von 150°C, beträgt die DMC-Selektivität 57 %, bei einem MeOH-Umsatz von 6 %. Das wesentliche Nebenprodukt der Reaktion ist DMM mit einer Selektivität von 36 %.

3.9 Zusammenfassung

Es wurde eine repräsentative Serie von Katalysatoren mit Cu-Gehalten bis maximal 16 % durch Tränkung und anschließender Kalzinierung bei 400°C hergestellt. Die Charakterisierung dieser Katalysatoren führte zu folgenden Erkenntnissen:

- Die zeolithischen Protonen werden sukzessiv gegen Kupferkationen ausgetauscht. Die mikroporöse Struktur und Kristallinität des Zeolithen bleiben dabei erhalten.
- Der Austausch findet bevorzugt im Superkäfig statt, während der Zugang für Kupfer zu den Positionen in den kleineren Sodalithkäfigen und hexagonalen Prismen limitiert ist. Cu-Spezies in den hexagonalen Prismen sind weder für Edukte noch für Sondenmoleküle zugänglich und können IR-spektroskopisch nicht erfasst werden.
- Oberhalb eines Kupfergehaltes von 8 % ist ein vollständiger Austausch der Protonen gegen Cu-Kationen erfolgt.
- Das Überschreiten der Austauschkapazität führt zur Bildung von kristallinen CuO-Phasen sowie zusätzlichen CuO_x-Agglomeraten mit unbekannter Stöchiometrie ($–Cu^{2+}–O^{2-}–Cu^{2+}–$; $–Cu^{+}–O^{2-}–Cu^{2+}–$).
- In den hergestellten Katalysatoren existieren Cu^{+}-Kationen neben Cu^{2+}-Kationen.

- Cu^{+}-Kationen sind bevorzugt im Zentrum eines Sechsfachringes (sekundäre Baueinheiten des Zeolithen Y) mit einem Al-Atom lokalisiert, während Cu^{2+}-Kationen zunächst die Positionen besetzen, bei denen der Sechsfachring zwei Al-Atome enthält. Dadurch wird die negative Ladung im Sechsfachring durch die Cu-Kationen ausgeglichen.
- Mit zunehmendem Kupfergehalt reichern sich Cu^{2+}-Spezies bevorzugt außerhalb des Zeolithgitters in Form von CuO_x an. Cu^{+}-Spezies liegen dagegen eher dispergiert im Inneren des Zeolithen vor, wo sie durch das intrinsische, elektrische Feld des Zeolithen stabilisiert werden.
- Die Cu-Spezies sind sehr mobil und lassen sich leicht reduzieren und oxidieren, insbesondere die Cu-Kationen in den kettenartigen CuO_x-Strukturen. Durch inerte Aktivierung bei Temperaturen von 650 – 700°C liegen mehr Cu^{+}-Spezies vor, die aber auch leicht wieder re-oxidiert und re-hydratisiert werden.
- Der bezüglich der DMC-Bildung aktivste Katalysator enthält 16 % Kupfer und zeigte einen Methanolumsatz von 6 % mit einer Selektivität von 57 %. Katalysatoren mit einem Cu-Gehalt von < 8 % sind bezüglich der DMC-Bildung nicht aktiv und führen hauptsächlich zu DME. Zusammen mit der Azidităts-Charakterisierung der Katalysatorserie lies sich ein Zusammenhang ableiten, der die sauer katalysierte Dehydratisierungsreaktion von Methanol zu DME bestätigte.

4 Operando-spektroskopische Untersuchungen

Mit den operando-spektroskopischen Untersuchungen sollten die wesentlichen Schritte der oxidativen Carbonylierung von MeOH zu DMC durch Verwendung der Methodenkopplung DRIFTS/UV-Vis-DRS/MS unter SSITKA-Bedingungen aufgeklärt werden.

Da die Analyse der Gasphase durch das Massenspektrometer ohne vorherige Trennung der Gaskomponenten und Produkte erfolgte, war eine überlagerungsfreie Detektion charakteristischer Fragment-Peaks für alle Edukte und Produkte nicht möglich. Daher waren zunächst Experimente ohne Katalysator und Referenzmessungen mit reinen Edukten und Produkten notwendig (Kapitel 4.1), um Fragmentmuster zu erhalten und Fragmentverhältnisse zu berechnen.

Bei den operando spektroskopischen Untersuchungen (Kapitel 4.2) wurde nach folgender Strategie vorgegangen:

Zunächst wurden Adsorbatspektren der Produkte DMC, DMM, MF und CO_2 sowie der Edukte MeOH, O_2 und CO bzw. $^{18}O_2$ und ^{13}CO aufgenommen, um Banden-Zuordnungen abzusichern. Um Teilprozesse des Mechanismus zu erfassen wurden, ausgehend von den Wechselwirkungen des Katalysators mit den einzelnen Reaktanden, nun die Wechselwirkungen des Katalysators mit Reaktandenmischungen ($MeOH/O_2$, CO/O_2, $MeOH/O_2$, $MeOH/CO/O_2$) im Detail und unter Verwendung von $^{16}O/^{18}O_2$- sowie $^{12}CO/^{13}CO$-haltigen Gemischen untersucht. Die Untersuchungen erfolgten unter SSITKA-Bedingungen, wobei der Katalysator zunächst dem unmarkierten Feed ausgesetzt wurde bis ein stationärer Zustand erreicht war und dann auf den markierten Feed umgeschaltet wurde. Durch Modifizierung der Eduktzusammensetzung sollten die Teilprozesse des Mechanismus aufgeklärt werden, indem Veränderungen bezüglich der Adsorbatbildung (DRIFTS), der Wertigkeit und Koordination des Katalysators (UV-Vis-DRS) sowie der Produkte (MS) registriert werden.

4.1 Massenspektrometrische Voruntersuchungen

Im Vorfeld der operando-spektroskopischen Untersuchungen wurden massenspektrometrische Fragmentierungsmuster der Produkte und der Edukte aufgenommen, um einerseits die charakteristischen Produkt-Fragmente zu ermitteln und andererseits die verschiedenen Beiträge zu deren Intensitäten aufzuklären. Die Voruntersuchungen mit den isotopenmarkierten Edukten sollten Ionenaustauschreaktionen an der Ionenquelle oder andere Effekte (wie Störungen beim Umschalten, z. B. Ionensuppression) aufdecken. Für diese Versuche wurden die Produkte und Edukte durch den leeren Reaktionsraum bei einer Reaktionstemperatur von 150°C geleitet und massenspektrometrisch analysiert.

4.1.1 Massenspektrometrische Analyse der Produkte

In Abb. 4-1 sind die Fragmentierungsmuster der Produkte MF, DMM, DMC und CO_2 sowie deren Intensitätsverhältnisse, gemessen mit dem Faraday-Detektor, dargestellt.

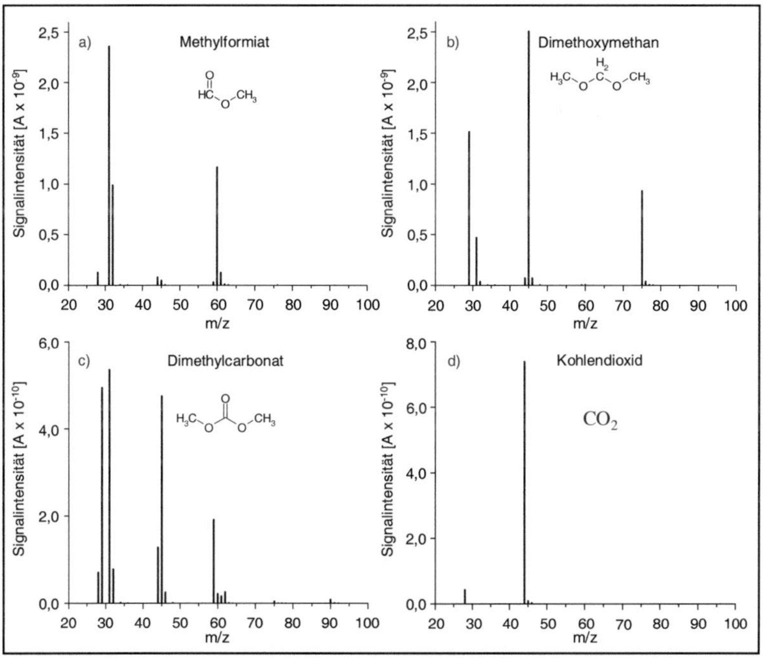

Abb. 4-1 Fragmentierungsmuster der Produkte a) MF, b) DMM, c) DMC und d) CO_2, nach Dosierung durch den leeren Reaktor bei 150°C (Nachweis mittels Faraday-Detektor).

MF besitzt eine molare Masse von 60 g/mol, die als charakteristische Massezahl ausgewählt wurde, da sie nur unwesentlich von anderen Komponenten überlagert wird (siehe Abb. 4-1a - d). Neben intensiven Signalen bei m/z = 28, 31, 32 und 60 traten auch Fragmente bei m/z = 44, 45, 59 und 61 in geringer Intensität auf.

DMM war eindeutig über die Massezahl m/z = 75 des Molekülpeaks nachweisbar. Die Fragmente bei m/z = 29 und 45 wurden bevorzugt gebildet, während die Fragmente bei m/z = 44 und 46 nur schwach erkennbar waren.

DMC hat eine molare Masse von 90 g/mol; allerdings hatte m/z = 90 eine so geringe Intensität, dass diese Massenzahl zum Nachweis ungeeignet war. Intensive Fragmente traten bei m/z = 45 und 59 auf und weniger intensive Fragmente wurden bei m/z = 60, 61 und 62 beobachtet. Zur Identifizierung von DMC wurde deshalb das intensive Fragment bei m/z = 59 herangezogen.

CO_2 zeigt den intensiven Molekülpeak mit der Massezahl m/z = 44, sowie einen schwachen Isotopenpeak bei m/z = 45 ($^{13}CO_2$). Daneben ist auch noch ein CO-Fragment bei m/z = 28 zu beobachten.

Das Nebenprodukt DME konnte massenspektrometrisch nicht analysiert werden, da nach Abb. 4-1 alle anderen Produkte ein Fragment bei der intensivsten Massezahl von DME (m/z = 45)[75] hervorrufen. Der Molekülpeak mit der Massezahl m/z = 46 wird von DMM, DMC und isotopenmarkiertem CO_2 ($C^{16}O^{18}O$) überlagert, während die übrigen Fragmente von DME (m/z = 29, 31)[75] mit den intensiven Methanolsignalen zusammenfallen. Daher wurde dieses Produkt nicht analysiert, und die Bedingungen stattdessen so gewählt, dass laut den katalytischen Testungen nur wenig DME gebildet wird (hohe Kupferbeladung, Temperatur max. 150°C).

Die Kenntnis der Signalintensitäten und deren Verhältnis zueinander wurden dazu genutzt, die Beiträge verschiedener Substanzen I_K zu der Intensität bei einer bestimmten Masse zu ermitteln. Aus der Abb. 4-1a und Abb. 4-1c geht hervor, dass von den Produkten MF und DMC zum Teil die gleichen Fragmente erzeugt werden. So wird beispielsweise das für DMC charakteristische Fragment bei m/z = 59 auch von MF gebildet, während DMC seinerseits wiederum ein Fragment mit der Massezahl m/z = 60 zeigt, welches der Identifizierung von MF dient. Auch DMM zeigt ein sehr schwaches Signal bei m/z = 59 (in Abb. 4-1b nicht sichtbar), das besonders bei großen DMM-Mengen eine Rolle spielt. Da sich die Intensitätsverhältnisse k unter gleichen Bedingungen nicht verändern, können die Beiträge I_K rechnerisch beglichen werden. So entspricht beispielsweise das Fragment 59 von MF 2,5 % der Nettointensität von dem Fragment 60. Der Intensitätsbeitrag I_K von MF zu dem Fragment m/z = 59 errechnet sich damit wie in Gl. 4-1 angegeben.

$$I_K^{59/60} = 0{,}025 \cdot I_N(60) \qquad \textbf{Gl. 4-1}$$

Analog wird das Fragment bei m/z = 59, hervorgerufen von DMM (0,2 % der Intensität von m/z = 75) herausgerechnet. Die Intensitätsverhältnisse k, die den Berechnungen von I_K zugrunde liegen, sind in der Tab. 4-1 aufgeführt.

Tab. 4-1 Korrekturfaktoren k für die Berechnung von I_K.

DMC		MF	CO_2		
$k_{59/60}$	$k_{59/75}$	$k_{60/59}$	$k_{44/59}$	$k_{44/60}$	$k_{44/75}$
0,025	0,002	0,11	0,665	0,064	0,074

Die Beiträge I_K verschiedener Spezies zu der Nettointensität I_N von einem bestimmten Fragment können recht unterschiedlich ausfallen. So hatte z. B. der Beitrag von DMC auf das Fragment mit der Massezahl m/z = 60 nahezu keinen Einfluss, während der Beitrag von MF auf das Fragment mit der Massezahl m/z = 59 nicht vernachlässigt werden konnte.

4.1.2 Massenspektrometrische Analyse der Edukte

Auch ohne Reaktion können die Reaktanden höhermolekulare Fragmente hervorrufen, die Produktspezies vortäuschen. Die Ursache dafür sind unerwünschte Ionen-Ionen-Reaktionen bzw. Ionen-Molekül-Reaktionen zwischen an der Ionenquelle erzeugten Radikalen mit gleichzeitig in der Ionenquelle vorhandenen Edukt-Molekülen oder Ionen. Nichtideale Bedingungen, wie zu hoher Druck in der Ionenquelle (ideal: 10^{-6} mbar, real: 10^{-3} mbar), simultane Anwesenheit vieler Ionen sowie zu lange Verweilzeiten in der Ionenquelle begünstigen solche Reaktionen. Die so gebildeten höhermolekularen Spezies können unter Umständen Beiträge zu den Signalintensitäten von Produktfragmenten leisten (I_M).

Die massenspektrometrische Analyse der einzelnen Reaktanden sollte deshalb aufklären, ob die höhermolekularen Fragmente (wie z. B.: m/z = 59, 60 und 75) durch „wahre" Produktspezies hervorgerufen oder durch Effekte im Massenspektrometer überlagert werden. Die Experimente ohne Katalysator erfolgten unter den gleichen Bedingungen wie mit Katalysator. Das heißt, es wurden nur ausgewählte, für die Edukte und Produkte charakteristische Massen im

MID-Modus (Intensität der Fragmente versus Zeit) aufgenommen und bezüglich der Veränderungen ihrer Intensität untersucht. Dabei wurden die Eduktfragmente und CO_2 mit dem Faraday-Detektor nachgewiesen, während die übrigen Produktfragmente aufgrund geringer Intensitäten mit dem Channeltron-Detektor gemessen wurden. Die Abb. 4-2 bis Abb. 4-4 zeigen die Signalintensitäts-Verläufe der Edukt- und Produktfragmente bei Dosierung der Reaktanden durch den leeren Reaktor.

Wurde O_2 durch die leere Reaktionszelle dosiert (Abb. 4-2), war außer dem entsprechendem Eduktsignal (m/z = 32) kein weiteres Signal nachweisbar. Auch CO rief, bis auf ein geringes Signal für CO_2 (m/z = 44), nur den Molekülpeak (m/z = 28) hervor (Abb. 4-3). Daher kann davon ausgegangen werden, dass weder CO noch O_2 Effekte im Massenspektrometer hervorrufen, die Intensitätsbeiträge I_M leisten.

Wurde MeOH dagegen durch die leere Reaktionszelle geleitet (Abb. 4-4), nahmen nicht nur die Intensitäten der Eduktfragmente bei m/z = 28, 29, 31 und 32 zu, sondern auch die Intensitäten der Signale bei m/z = 44, 59, 60 und 75. Diese Fragmente sind normalerweise typisch für die Produkte der Oxidation von MeOH zu MF (59, 60), DMM (75) und CO_2 (44). Oxidationsreaktionen unter den gegebenen Bedingungen sind aber unwahrscheinlich, so dass es sich hierbei nicht um „wahre" Produkte handeln kann, sondern eher um die oben beschriebenen Vorgänge in der Ionenquelle des Massenspektrometers. Als Konsequenz müssen bei den Experimenten mit Katalysator die Signalintensitäten der „wahren" Produkte um diese Beiträgen (I_M) bereinigt werden. Die Beiträge I_M werden analog zu den Beiträgen I_K errechnet. Da die Intensitäten von der MeOH-Konzentration abhängig sind, werden die Fragmentintensitäten auf das Fragment m/z = 31 bezogen, da dieses nur unwesentlich von den Produktfragmenten, die in sehr geringer Konzentration gebildet werden, überlagert wird (Gl. 4-2).

$$I_M = k \cdot I_N(31) \qquad \textbf{Gl. 4-2}$$

Gleichzeitig wurden von MeOH Fragmente erzeugt, welche die charakteristischen Fragmente von ^{12}CO (28), ^{13}CO (29) und O_2 (32) überlagern und nach Gl. 4-1 herausgerechnet werden müssen.

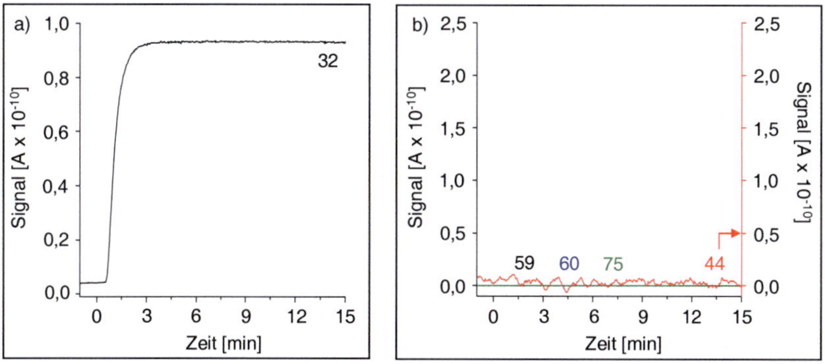

Abb. 4-2 MS-Signalintensitäten bei der O_2-Dosierung (5,3 Vol.%) durch den leeren Reaktor bei 150°C; a) Fragment m/z =32; b) Fragment m/z = 59, 60, 75 (linke Skala), m/z = 44 (rechte Skala).

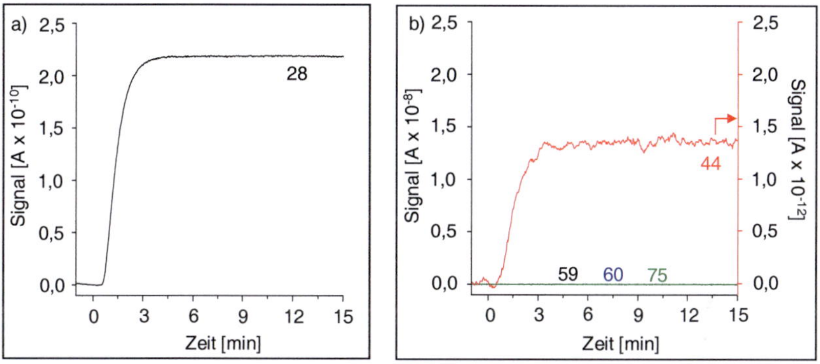

Abb. 4-3 MS-Signalintensitäten bei der CO-Dosierung (2,22 Vol.%) durch den leeren Reaktor bei 150°C; a) Fragment m/z =28; b) Fragment m/z = 59, 60, 75 (linke Skala), m/z = 44 (rechte Skala).

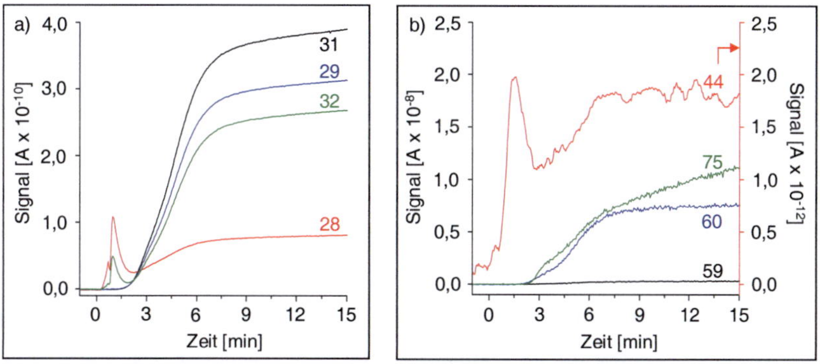

Abb. 4-4 MS-Signalintensitäten bei der MeOH-Dosierung (6,5 Vol.%) durch den leeren Reaktor bei 150°C; a) Fragmente m/z =28, 29, 31, 32; b) Fragment m/z = 59, 60, 75 (linke Skala), m/z = 44 (rechte Skala).

Die Tab. 4-2 enthält die k-Werte für die Berechnung der Beiträge I_M zu den Signalintensitäten der charakteristischen Produktfragmente sowie für die Berechnung der Beiträge I_K zu den Intensitäten von CO und O_2.

Tab. 4-2 Korrekturfaktoren für die Berechnung von I_M der Produkte und I_K der Edukte CO, ^{13}CO und O_2.

DMC	MF	DMM	CO_2	CO	^{13}CO	O_2
$k_{59/31}$	$k_{60/31}$	$k_{75/31}$	$k_{44/31}$	$k_{28/31}$	$k_{29/31}$	$k_{32/31}$
0,8	13	35	0,002	0,2	0,8	0,7

Die simultane Dosierung alle Reaktanden durch den leeren Reaktor führte zu veränderten k-Werten (Tab. 4-3) durch weitere mögliche Ionen-Ionen-Reaktionen.

Tab. 4-3 Korrekturfaktoren für die Berechnung von I_M der Produkte bei Dosierung aller Edukte.

DMC	MF	DMM
$k_{59/31}$	$k_{60/31}$	$k_{75/31}$
3	17	30

4.1.3 Massenspektrometrische Analyse isotopenmarkierter Edukte

Beim Austausch von MeOH/CO/$^{16}O_2$ gegen MeOH/CO/$^{18}O_2$ bzw. MeOH/$^{12}CO/O_2$ gegen MeOH/$^{13}CO/O_2$ nahmen die Signalintensitäten von $^{16}O_2$ bzw. ^{12}CO ab und die von $^{18}O_2$ bzw. ^{13}CO zu, während die Signalintensitäten der übrigen Eduktfragmente konstant blieben (Abb. 4-5). Eine konkurrierende Ionisierung durch unterschiedliche Moleküle an der Ionenquelle, die sogenannte Ionensuppression, konnte daher ausgeschlossen werden. Bei der Verwendung von Argon als Marker wurde beim Umschalten auf das isotopenmarkierte Gemisch ein signifikanter Abfall aller Eduktfragmente festgestellt, in dessen Folge abnehmende Intensitäten nicht mehr eindeutig einer Abnahme der Produkte durch Isotopenaustausch zugeordnet werden konnten (Abb. 7-3). Besonders schwerere Moleküle wie Argon (40 m/z) vermindern die Ionisierung von leichteren Molekülen.[60]

Weiterhin zeigt die Abb. 4-5, dass ein vollständiger Austausch von $^{16}O_2$ gegen $^{18}O_2$ innerhalb von vier Minuten erfolgte und ein vollständiger Austausch von ^{12}CO gegen ^{13}CO innerhalb von drei Minuten erreicht war.

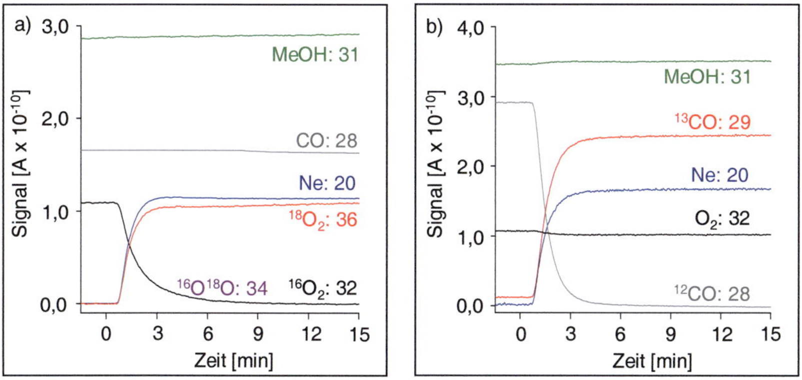

Abb. 4-5 MS-Nettosignalintensitäten bei simultaner Dosierung aller Edukte durch den Reaktor bei 150°C. a) Austausch von MeOH/CO/$^{16}O_2$ gegen MeOH/CO/$^{18}O_2$/Ne, zum Zeitpunkt t = 0 (5,1 Vol.% MeOH; 2,5 Vol.% CO; 1,25 Vol.% O_2; 0,2 Vol.% Ne), zur besseren Darstellung wurde das Fragment 20 (Ne) mit dem Faktor 7 verstärkt. b) Austausch von MeOH/$^{12}CO/O_2$ gegen MeOH/$^{13}CO/O_2$/Ne zum Zeitpunkt t = 0 (4,8 Vol.% MeOH; 2,5 Vol.% CO; 1,25 Vol.% O_2; 0,5 Vol.% Ne); zur besseren Darstellung wurde das Fragment 20 mit dem Faktor 10 verstärkt.

$^{16/18}O_2$-Moleküle mit der Masse 34 g/mol wurden nicht gebildet. Durch diese Ergebnisse konnte sichergestellt werden, dass keine Isotopenaustauschreaktionen an der Ionenquelle des MS stattfanden.

4.2 Wechselwirkungen der Produkte und Edukte mit dem Katalysator

4.2.1 Produkte

Die DRIFT-Spektren der adsorbierten Produkte in Abb. 4-6 dienten der späteren Bandenzuordnung der Produkte bei den in situ-Untersuchungen zur oxidativen Carbonylierung.

Alle Produkte zeigten Absorptionsbanden im Bereich von 3100 – 2700 cm^{-1}. Ein Bandenpaar in diesem Bereich resultiert aus C–H-Valenzschwingungen von CH_3-, CH_2- und CH-Gruppen. Die Banden um 2952 ± 15 cm^{-1} werden dabei normalerweise antisymmetrischen und die Banden um 2840 ± 10 cm^{-1} symmetrischen CH-Valenzschwingungen ν(CH) der CH_3-Gruppen zugewiesen.[121] Die entsprechenden antisymmetrischen Deformationsschwingungen δ(CH) liegen um 1455 ± 10 cm^{-1} und die symmetrischen δ(CH) um 1430 ± 10 cm^{-1}, meist nur als Schulter erkennbar.[9] Busca[32] weist die Banden im ν(CH)-Bereich dagegen einer Aufspaltung der symmetrischen CH-Valenzschwingung durch Fermi-Resonanz zu.

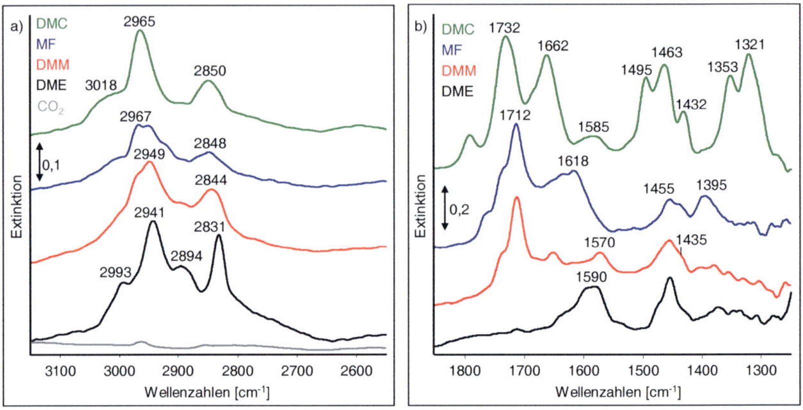

Abb. 4-6 Adsorbatspektren der Produkte an 16CuY+600A bei 150°C.

Im Spektrum von DMC traten neben den CH-Valenz- und Deformationsschwingungen weitere Banden bei 1732, 1662, 1585, 1495, 1353 und 1321 cm^{-1} auf. Die Banden bei 1732 cm^{-1} und 1662 cm^{-1} sind typisch für C=O-Valenzschwingungen.[121] Dabei wird die Bande bei 1732 cm^{-1} von der C=O-Gruppierung in adsorbiertem DMC hervorgerufen,[100] während die Bande bei 1662 cm^{-1} von der C=O-Gruppe in Monomethylcarbonat (MMC) herrührt.[10] MMC ist dabei ein Zersetzungsprodukt von DMC, dass auch von Beutel[25] bei der thermischen Behandlung von DMC an NaX zwischen 50°C und 150°C beobachtet wurde. Die Bande bei 1495 cm^{-1} ist typisch für CH-Deformationsschwingung von MMC[10] und damit ein zusätzlicher Beleg für dessen Bildung unter den gegebenen experimentellen Bedingungen.

Die Banden bei 1353/1321 cm^{-1} sind charakteristisch für symmetrische O-C-O-Valenzschwingungen von Carbonatspezies, wobei die Bande bei 1321 cm^{-1}, in Anlehnung an Zhang und Bell[10] sowie Beutel[25], der O–C–O-Gruppe in DMC und die Bande bei 1353 cm^{-1} der O–C–O-Gruppe in MMC zugeordnet werden. Die entsprechenden antisymmetrischen O–C–O-Valenzschwingungen werden im Bereich von 1480 – 1450 cm^{-1} erwartet, werden aber von den δ(CH) überlagert.

Methylformiat zeigte eine intensive Bande bei 1712 cm^{-1}, die der C=O-Valenzschwingung zugewiesen wird. Daneben war eine starke Absorption im Bereich von 1650 – 1580 cm^{-1} mit einem Maximum bei 1618 cm^{-1} zu sehen sowie eine weniger intensive Bande bei 1395 cm^{-1}. Diese Banden werden den für Formiate typischen antisymmetrischen und symmetrischen O–C–O Valenzschwingungen zugeordnet.[32]

DMM zeigt neben den Banden der CH-Valenz- und Deformationsschwingungen auch eine intensive Bande bei 1712 cm^{-1}, die typisch für eine C=O-Gruppierung ist und auch bei MF nachgewiesen wurde. Demnach ist adsorbiertes DMM unter den gegebenen experimentellen Bedingungen nicht stabil. Übereinstimmend dazu beobachteten Fu et al.[122] an einem aziden Zeolithen (H-ZSM-5) bei 150°C eine Zersetzung von DMM zu hauptsächlich DME, aber auch zu FA, MF und MeOH, so dass die intensive Bande bei 1712 cm^{-1} von dem Zersetzungsprodukt MF herrührt.

Die intensiven und breiten Banden der Ether-Gruppe (–C–O–C–) von DME werden im Bereich von 1080 – 1150 cm^{-1} erwartet.[123] Dieser Bereich war allerdings aufgrund der Eigenabsorption des Zeolithen unzugänglich. Die breite Bande bei 1583 cm^{-1} ist untypisch für DMM und deutet auf ein Oxidationsprodukt mit einer O–C–O-Gruppierung (Formiat- oder Carbonat-Spezies) hin. Diese Spezies können die Folge einer dissoziativen Adsorption von DME mit Spaltung der C–O-Bindung oder einer direkten Oxidation von DME durch Extragitter-Sauerstoff sein.[124]

4.2.2 Sauerstoff

Um festzustellen, ob ein Austausch zwischen dem Sauerstoff des Zeolithgitters oder der CuO_x-Agglomerate mit gasförmigem Sauerstoff stattfindet, wurde der Katalysator 13CuY mit $^{16}O_2$/He behandelt und im stationären Betrieb auf $^{18}O_2$/He/Ne umgeschaltet (Abb. 4-7).

Nach der Umschaltung von $^{16}O_2$/He auf $^{18}O_2$/He/Ne erfolgte eine exponentielle Abnahme von $^{16}O_2$ und eine spiegelbildliche Zunahme von $^{18}O_2$, ohne dass die Bildung von $^{16/18}O_2$ beobachtet wurde. Die Antwortprofile nach der Umschaltung unterschieden sich nicht von denen des Systems ohne Katalysator, wobei die Response-Zeit ca. 35 s beträgt. Daraus ergab sich, dass kein Austausch von Sauerstoff zwischen Katalysator und Gasphase unter den vorliegenden Bedingungen stattfindet.

Aus der Literatur ist bekannt, dass Sauerstoff des Zeolithgitters erst bei relativ hohen Temperaturen (400 - 600°C) gegen Gasphasensauerstoff ausgetauscht werden kann.[57-59, 125] Dies ist bedingt durch schwache Wechselwirkungen zwischen dem Zeolithgittersauerstoff und dem Gasphasensauerstoff bei niedrigeren Temperaturen.[125]

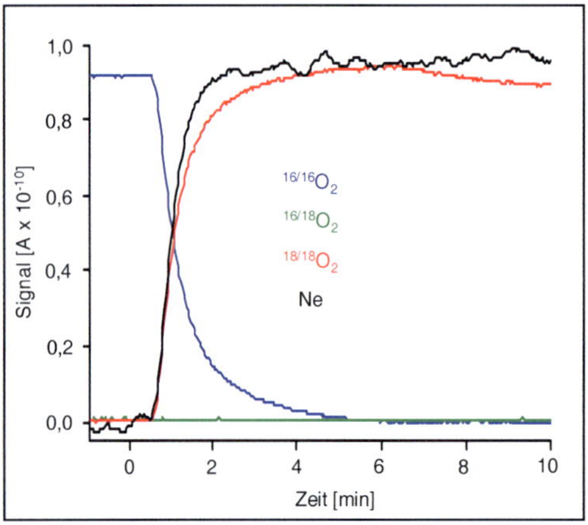

Abb. 4-7 MS-Nettosignalintensitäten von $^{16/16}O_2$, $^{16/18}O_2$, $^{18/18}O_2$ und Ne bei Dosierung von $^{16}O_2$/He bzw. $^{18}O_2$/Ne/He (1,25 Vol.% O_2; Ne: 0,2 Vol.%) über 13CuY bei 150°C; bei t = 0 wird auf $^{18}O_2$/Ne/He umgeschaltet; zur besseren graphischen Darstellung wurde das Ne-Signal um den Faktor 15 verstärkt.

In Gegenwart von Übergangsmetall-Kationen verringert sich die Sauerstoff-Austauschtemperatur durch Bildung aktiver Zentren (Strukturdefekte) für die Chemisorption.[58, 125, 126] So zeigten Untersuchungen an Na-ZSM-5-Katalysatoren, dass die Einführung von Cu^{2+}-Kationen die Austauschtemperatur von 400°C auf 240°C verringert.[60] In der Literatur wurden keine Hinweise dafür gefunden, dass ein Austausch an reinen Y-Zeolithen oder an CuO_x-Spezies bei 150°C möglich ist, was mit den in Abb. 4-7 dargestellten Ergebnissen übereinstimmt.

4.2.3 $^{12}CO/^{13}CO$

Die Wechselwirkung von CO mit Katalysatoren verschiedenen Kupfergehaltes, inklusive der beobachteten Cu^+–CO-Bandenposition sind ausführlich in Kapitel 3.6 beschrieben. Hier soll nun auf die Charakteristika beim Austausch von ^{12}CO gegen ^{13}CO an 13CuY eingegangen werden.

Die DRIFTS-Banden der Oberflächenadsorbate werden beim Wechsel zu isotopenmarkierten Spezies typischerweise zu kleineren Wellenzahlen verschoben. Unter der vereinfachten Annahme, dass sich isotopensubstituierte Moleküle bei gleicher Bindungsstärke und Geometrie nur bezüglich ihrer Atommasse unterscheiden, können die zu erwartenden Verschiebungen abgeschätzt werden.[127] Für die Schwingungsfrequenz gilt Gl. 4-3:

$$\nu = \frac{1}{2\pi}\sqrt{\frac{k}{\mu}} \qquad \text{Gl. 4-3}$$

Wobei k die Kraftkonstante ist und μ die reduzierte Masse, die sich nach Gl. 4-4 ergibt:

$$\mu = \frac{m_1 \cdot m_2}{m_1 + m_2}$$ **Gl. 4-4**

Die relative Verschiebung der Bandenposition durch Isotopenaustausch wird wie in Gl. 4-5 berechnet:

$$\frac{\nu_1}{\nu_2} = \frac{\sqrt{\frac{k_1}{\mu_1}}}{\sqrt{\frac{k_2}{\mu_2}}}$$ **4-5**

Wird nun vereinfacht angenommen, dass die Kraftkonstante k beider Spezies gleich ist, kann man nach Gl. 4-6 ansetzen:

$$\frac{\nu_1}{\nu_2} = \frac{\sqrt{\frac{k_1}{\mu_1}}}{\sqrt{\frac{k_2}{\mu_2}}} = \sqrt{\frac{\mu_2}{\mu_1}}$$ **4-6**

Das Ausmaß der Verschiebung $\frac{\nu_{^{13}CO}}{\nu_{^{12}CO}}$ der ν(C-O)-Bande bei Isotopensubstitution von ^{12}CO durch ^{13}CO ließe sich demzufolge nach Gl. 4-7 berechnen:

$$\frac{\nu_{^{13}CO}}{\nu_{^{12}CO}} = \sqrt{\frac{\mu_{(^{12}CO)}}{\mu_{(^{13}CO)}}}$$ **4-7**

Daraus folgt schließlich für die erwartete Bandenposition Gl. 4-8:

$$\nu(^{13}CO) = 0{,}978 \cdot \nu(^{12}CO)$$ **4-8**

Die Bandenpositionen der ν(^{13}CO) sind also um ca. 48 cm^{-1} zu kleineren Wellenzahlen im Vergleich zur Bandenposition ν(^{12}CO) (2160 cm^{-1}) verschoben.

Wie aus Abb. 4-8 ersichtlich, waren nach dem Umschalten von ^{12}CO/He auf ^{13}CO/He Verschiebungen der charakteristischen ν(Cu^+–CO)-Banden von 2160, 2144 und 2112 cm^{-1} zu niederen Wellenzahlen bei 2110, 2097 und 2062 cm^{-1} zu beobachten, die den theoretisch zu erwartenden entsprachen.

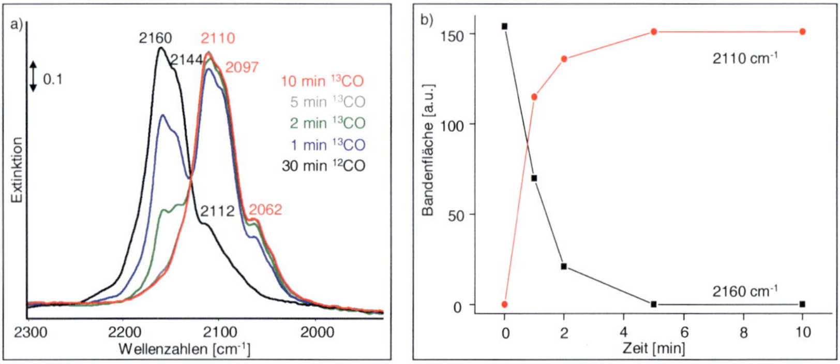

Abb. 4-8 a) DRIFT-Spektren von an 13CuY adsorbiertem CO bei 150°C nach 30 min $^{12}CO/He$ Feed und Umschalten auf $^{13}CO/He$ (je 2,5 Vol.% CO); b) aus den DRIFT-Spektren ermittelte Intensitäten der Cu(I)-^{12}CO (2160 cm^{-1}) und der Cu(I)-^{13}CO (2110 cm^{-1}) Bande in Abhängigkeit von der Zeit.

Der Austausch von CO erfolgte sehr zügig. Bereits nach einer Minute ^{13}CO-Dosierung sind ν(Cu^+–^{13}CO)-Banden auf der Oberfläche nachweisbar und nach fünf Minuten ist der Austausch praktisch komplett, wie aus Abb. 4-8b hervorgeht. Offenbar ist die Cu^+–CO-Bindung nicht sehr stark.

Die simultan aufgezeichneten MS-Signale von ^{12}CO und ^{13}CO sowie $^{12}CO_2$ und $^{13}CO_2$ in Abhängigkeit von der Zeit sind in Abb. 4-9 dargestellt.

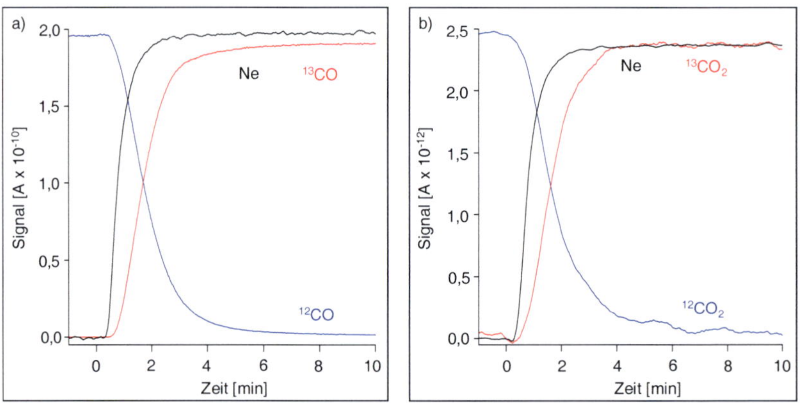

Abb. 4-9 MS-Nettosignalintensitäten von a) $^{12}CO/^{13}CO$, Ne und b) $^{12}CO_2/^{13}CO_2$, Ne mit der Zeit; zum Zeitpunkt t = 0 wird von $^{12}CO/He$ auf $^{13}CO/He$ (2,5 Vol.% CO) umgeschaltet. Für eine bessere graphische Darstellung wurde das Ne-Signal verstärkt um den Faktor a) 17 bzw. b) 0,23.

Das MS-Signal von ^{13}CO zeigte im Vergleich zum Marker Ne einen zeitlichen Versatz, der auf die Adsorption von CO hindeutet, was ja auch spektroskopisch beobachtet wurde. In Übereinstimmung zu den Adsorbatspektren wurde auch in der Gasphase ein vollständiger Austausch innerhalb von fünf Minuten beobachtet. Zusätzlich wird massenspektrometrisch sowohl $^{12}CO_2$ als auch $^{13}CO_2$ detektiert, was auf eine teilweise Oxidation von CO durch Gittersauerstoff - offenbar aus CuO_x-Agglomeraten - hinweist.

4.2.4 $CO/^{16}O_2$ und $CO/^{18}O_2$

Während der Exposition von 13CuY mit CO sowie $CO/^{16}O_2$ und $CO/^{18}O_2$ wurden ähnliche Signalintensitäten des Fragments m/z = 44 ($C^{16}O_2$) gemessen (Abb. 4-10), und nur wenig $C^{16}O^{18}O$ (m/z = 46) bei $CO/^{18}O_2$-Dosierung. An Proben mit niedrigen Kupfergehalten wie 4CuY wurde bei $CO/^{18}O_2$-Dosierung deutlich weniger $C^{16}O_2$ nachgewiesen, dafür umso höhere Mengen $C^{16}O^{18}O$. Das bedeutet, dass der Katalysator mit hohem Cu-Gehalt CO_2 auch ohne Beteiligung von zusätzlichem Gasphasensauerstoff bilden kann, während dieser bei Katalysatoren mit geringem Cu-Gehalt ohne CuO_x-Spezies erforderlich ist.

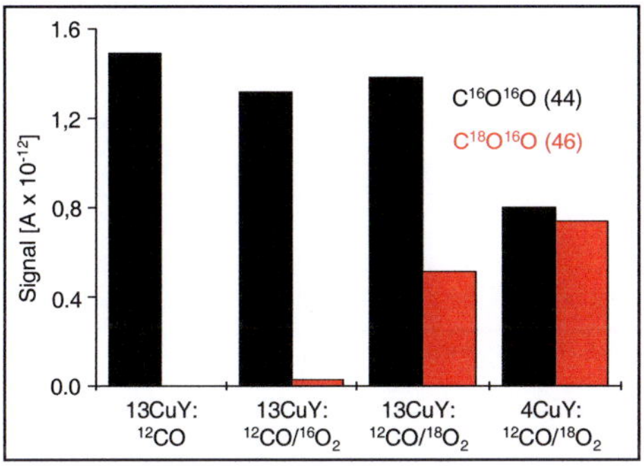

Abb. 4-10 MS-Nettosignalintensitäten von $C^{16}O^{16}O$ und $C^{18}O^{16}O$ nach 60 min CO-, $CO/^{16}O_2$- und $CO/^{18}O_2$-Dosierung zu 13CuY und $CO/^{18}O_2$-Dosierung zu 4CuY (je 2,5 Vol.% CO und 1,25 Vol.% O_2) bei 150°C.

F. Boccuzzi und A. Chiorino [128] untersuchten die CO-Oxidation an Cu-haltigem Zinkoxid sowie Titandioxid und fanden zwei unabhängige Wege der CO_2-Bildung. Nach dem ersten Weg reagiert Gasphasen-Sauerstoff gemäß dem Eley-Rideal-Mechanismus direkt mit adsorbiertem CO zu CO_2, während nach dem zweiten Weg CO durch Gittersauerstoff oxidiert wird.

An dem 13CuY-Katalysator wurde CO_2 sowohl mit als auch ohne Gasphasen-Sauerstoff in vergleichbaren Mengen gebildet (Abb. 4-10), was auf die Beteiligung von Gittersauerstoff aus CuO_x-Agglomeraten hinweist. Bei alleiniger Teilnahme von Gittersauerstoff ist das natürlich nur so lange möglich, wie dieser verfügbar ist. Die Anwesenheit von Gasphasensauerstoff dient schließlich der Re-Oxidation des Katalysators, was einem Mars-van-Krevelen-Mechanismus entspricht. Dadurch wird ^{16}O auf der Oberfläche des Katalysators langsam aber kontinuierlich gegen ^{18}O ausgetauscht, so dass nach 60 Minuten schließlich beide CO_2-

Spezies (markiert und unmarkiert) gebildet werden. Im Falle des Eley-Rideal-Mechanismus sollte dagegen ein vollständiger und schneller Austausch von $C^{16}O^{16}O$ gegen $C^{16}O^{18}O$ stattfinden. Das ist gemäß unseren Befunden jedoch nicht der Fall.

Die Tatsache, dass bei dem Katalysator mit 4 % Cu insgesamt weniger CO_2 detektiert wurde als bei dem Katalysator mit 13 % Cu, deutet auf eine leichtere Verfügbarkeit des Sauerstoffs aus CuO_x-Spezies, die bei Katalysatoren mit hohem Kupfergehalt nachgewiesen wurden, hin. Da bei 4CuY keine CuO_x-Spezies detektiert wurden, ist bis auf einen geringen Anteil kein ^{16}O-Extragittersauerstoff verfügbar, so dass weniger $C^{16}O^{16}O$ und mehr $C^{16}O^{18}O$ gebildet wird.

Die Wechselwirkung von CO_2 mit kationhaltigen Zeolithen und Metalloxiden sind sehr ausführlich von Davydov[76] beschieben. So ist bekannt, dass CO_2 in diesen Fällen Oberflächencarbonatspezies bildet, die charakteristische IR-Banden in der Spektralregion von 1700 – 1300 cm^{-1} hervorrufen. Dabei existieren verschiedene Oberflächencarbonat-Komponenten, von denen die für unsere Reaktionsbedingungen relevanten Strukturen in Schema 4-1 abgebildet sind.

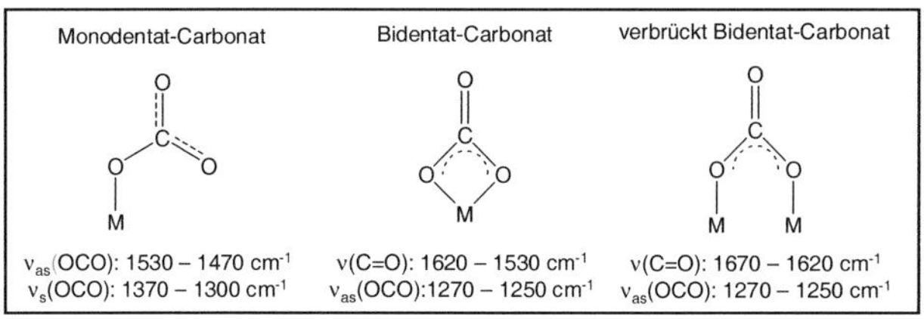

Schema 4-1 Carbonat-Spezies und deren charakteristische IR-Banden (nach Davydov[76] und Stevens et al.[129]).

DRIFT-spektroskopisch wurden zwar geringe Extinktionen in der charakteristischen Spektralregion nachgewiesen, allerdings waren diese Banden aufgrund der geringen CO_2-Bildung nur schwach intensiv und schlecht aufgelöst, so dass detaillierte Aussagen zu Oberflächencarbonatspezies nicht möglich waren. Aus diesem Grund wurden zusätzliche Experimente in Transmission durchgeführt. Dabei wurde ein freitragender Pressling des Katalysators 13CuY fünf Minuten lang bei der Reaktionstemperatur von 150°C mit $CO/^{16}O_2/He$ sowie $CO/^{18}O_2/He$ behandelt. Anschließend wurde die mit der Reaktand-Gasmischung gefüllte Zelle geschlossen, und die Reaktion 60 min lang verfolgt. Danach wurde die CO_2-haltige Gasphase durch 10 minütiges Spülen mit Helium entfernt und das Spektrum aufgenommen (Abb. 4-11).

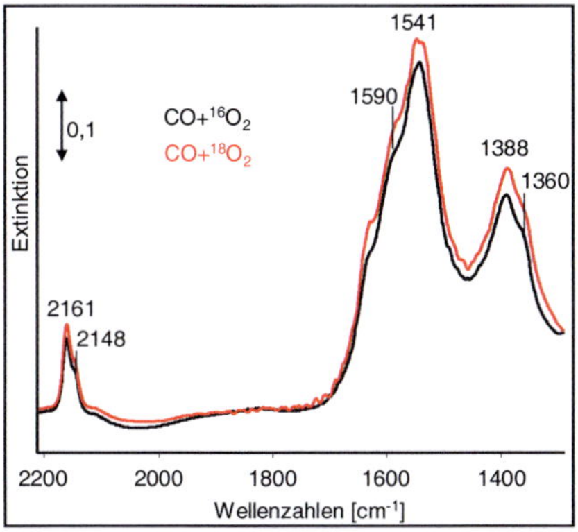

Abb. 4-11 FTIR-Spektren von 13CuY bei 150°C nach 60 min Behandlung mit $^{12}CO/^{16}O_2/He$ bzw. $^{12}CO/^{18}O_2/He$ (3,3 Vol.% CO, 1,7 Vol.% O_2) in geschlossener Zelle und 10 min Spülen mit He.

In den FTIR-Spektren sind die Oberflächencarbonat-Spezies deutlich sichtbar. Nach dem Schema 4-1 werden die intensive Bande um 1541 cm^{-1} und die Schultern bei 1583 cm^{-1} den Carbonyl-Valenzschwingungen von Bidentat-Carbonat- und verbrückten Bidentat-Carbonat-Spezies zugeordnet. Die Banden bei 1380 und 1360 cm^{-1} werden in Übereinstimmung mit Davydov[76] und Stevens et al.[129] den symmetrischen O–C–O-Valenzschwingungen von Monodentat-Carbonat-Spezies zugewiesen. Die entsprechenden antisymmetrischen Valenzschwingungen bei 1530 – 1470 cm^{-1} sind von den Banden der Bidentat-Carbonat-Spezies überlagert. Da die Bidentat-Carbonate vergleichsweise intensive Banden hervorriefen, ist davon auszugehen, dass sie die bevorzugte Spezies bei der Adsorption von CO_2 an 13CuY sind. Da die Lage der Cu^+–CO-Bande (2161/2148 cm^{-1}) durch die Bildung der Carbonatspezies nicht beeinflusst wird, ist davon auszugehen, dass die Spezies an Cu^{2+}-Zentren adsorbiert sind.

Es wurden unabhängig von der Art des Gasphasensauerstoffs die gleichen Spezies gebildet. Eine Verschiebung der Bandenposition zu tieferen Wellenzahlen durch Insertion von ^{18}O in die Carbonatspezies ($\Delta\nu$ = 50 cm^{-1}) wurde nicht beobachtet. Demnach erfolgt die Bildung von Carbonatspezies nur mit ^{16}O aus CuO_x.

4.2.5 MeOH

In Abb. 4-12 sind die DRIFT-Spektren von 13CuY während der MeOH-Dosierung sowie das Adsorbatspektrum nach der Spülung mit He dargestellt.

Während der MeOH-Dosierung traten im CH-Valenzschwingungsbereich zwei intensive Banden bei 2950 cm^{-1} und 2842 cm^{-1} mit jeweils einer Schulter bei kleineren Wellenzahlen auf sowie eine breite Bande im CH-Deformationsschwingungsbereich mit einem Maximum bei 1460 cm^{-1}.

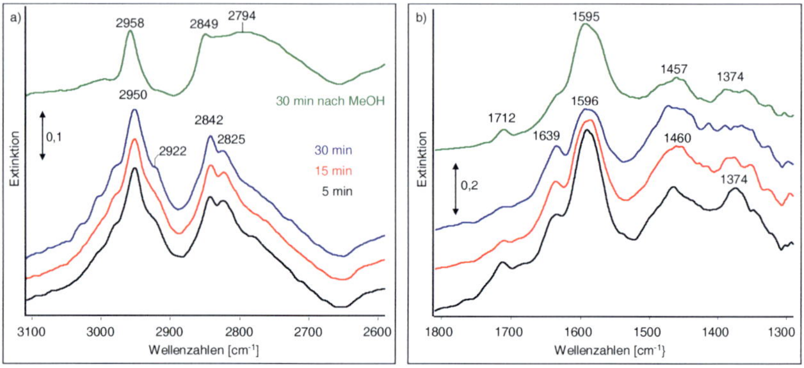

Abb. 4-12 Wechselwirkung von MeOH mit 13CuY bei 150°C.

Die spektroskopischen Charakteristika von Oberflächen-Spezies, die während der MeOH-Adsorption und Oxidation auftreten können, sind ausführlich beschrieben. Demnach zeigen sowohl physisorbiertes als auch chemisorbiertes MeOH ein intensives Banden-Paar im CH-Valenzschwingungsbereich. Während diese Banden gewöhnlich als antisymmetrische und symmetrische Valenzschwingungen diskutiert werden,[9, 10, 13, 121, 130] interpretiert Busca[32] diese Banden als eine symmetrische CH-Valenzschwingung, die durch Fermi-Resonanz mit der ersten Oberschwingung der symmetrischen Deformationsschwingung (um 1460 cm^{-1}) aufgespaltet ist. Pinto et al.[131] bestätigten durch DFT-Berechnungen, dass die erste Oberschwingung der Deformationsschwingung und die symmetrische Valenzschwingung zusammenfallen, so dass tatsächlich Fermi-Resonanz auftreten kann. Die entsprechende antisymmetrische Valenzschwingung soll dagegen nur eine schwache Bande bei höheren Wellenzahlen hervorrufen.[32] Die beobachteten Banden im Valenzschwingungsbereich werden deshalb der aufgespaltenen symmetrischen CH-Valenzschwingung von Methoxiden zugeordnet.

Zhang und Bell[10] sowie King[9] wiesen während der Methanoladsorption an Cu-ausgetauschten Y-Zeolithen jeweils zwei CH-Valenzschwingungspaare, wie auch in Abb. 4-12 beobachtet wurde, nach und interpretierten das Paar bei den höheren Wellenzahlen (2950/2842 cm^{-1}) als physisorbiertes MeOH und das Paar bei den niederen Wellenzahlen (2922/2825 cm^{-1}) als Methoxy-Spezies. Bei Temperaturen von 150°C, die in den Experimenten von Abb. 4-12 angewendet wurden, sollte aber kein undissoziiert adsorbiertes MeOH vorliegen. Entsprechende OH-Deformationsbanden (1480 – 1300 cm^{-1})[32] oder OH-Valenzschwingungsbanden (3650 – 3590 cm^{-1},[32] Bereich hier nicht abgebildet) für physisorbiertes MeOH wurden auch nicht nachgewiesen, so dass diese Interpretation nicht das Auftreten der Schultern erklärt. Stattdessen können die Schultern ein Indiz für verschiedene Methoxy-Strukturen sein. Nach Lamotte et al.[132] liegen an Thoriumoxid (ThO_2) und Ceriumoxid (CeO_2) adsorbierte Methoxide als Monodentat-, Bidentat- und Tridentat-Methoxid (Schema 4-2) vor, die am besten durch die Bandenposition der C–O-Valenzschwingung im Spektralbereich von 1200 – 1000 cm^{-1} unterschieden werden können, wobei diese Region in der vorliegenden Arbeit wegen der hohen Eigenadsorption des Y-Zeolithen leider nicht zugänglich war. Die Bildung verschiedener Methoxid-Strukturen ist aber auch an CuY sehr wahrscheinlich und kann Auswirkungen auf die CH-Valenzschwingungen haben, so dass geringfügige Bandenverschiebungen auftreten, die in Form von Schultern sichtbar werden.

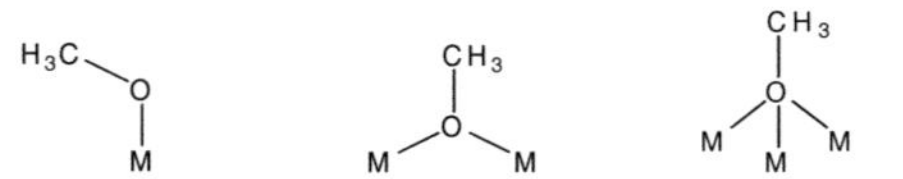

		Monodentat-Methoxid	Bidentat-Methoxid	Tridentat-Methoxid
ν(CO)	ThO_2	1124	1061 - 1045	1013
	CeO_2	1104	1057 - 1042	1013

Schema 4-2 An ThO_2 bzw. CeO_2 adsorbierte Methoxy-Spezies mit ν(C–O)-Bandenpositionen (nach Lamotte et al.[132]).

Die antisymmetrischen und symmetrischen CH-Deformationsschwingungen der Methoxide ergeben ein Bandenpaar im Bereich 1370 – 1470 cm^{-1},[121] das in den DRIFT-Spektren nur als eine einzige, breite und nicht aufgelöste Bande um 1460 ± 50 cm^{-1} sichtbar war.

Die breite Bande um 2794 cm^{-1}, war erst nach der Entfernung von MeOH aus der Gasphase deutlich sichtbar und wurde in Anlehnung an Domke[66] einer Kombinationsschwingung von $\delta(H_2O) + \nu(C–O)$ zugeordnet. Diese Bande wurde nur an kupferhaltigen Proben beobachtet (siehe Abb. 4-13), was auf die Methoxidbildung an Cu-Kationen hinweist.

Die direkten Oxidationsprodukte von Methanol sind Formaldehyd und Ameisensäure. Molekular adsorbiertes Formaldehyd ist bei Raumtemperatur nur in Spuren und bei höheren Temperaturen gar nicht nachweisbar. Stattdessen ist es auf oxidischen Oberflächen in Form von Dioxymethylen-Spezies adsorbiert, die zwei starke C–O-Valenzschwingungen bei 1200 – 1000 cm^{-1} hervorrufen. Ameisensäure liegt an oxidischen Oberflächen adsorbiert als Formiat-Spezies vor und ist durch ein typisches Banden-Triplett bestehend aus antisymmetrischen O–C–O-Valenz- (1600 – 1550 cm^{-1}), CH-Deformations- (1390 – 1370 cm^{-1}) und symmetrischen O–C–O-Valenzschwingungen (1380 – 1300 cm^{-1}) charakterisiert.[32] Daher wurden die intensive Bande um 1596 cm^{-1} und die schwache Bande um 1374 cm^{-1} aus Abb. 4-12 einer antisymmetrischen und einer symmetrischen O–C–O-Valenzschwingung von Formiat zugeordnet. Nach Unland[133] existieren an kationhaltigen Zeolithen verschiedene Formiat-Spezies, die analog den Carbonat-Spezies (Schema 4-1) als Monodentat-, Bidentat- und verbrücktes Bidentat-Formiat vorliegen können (Schema 4-3).

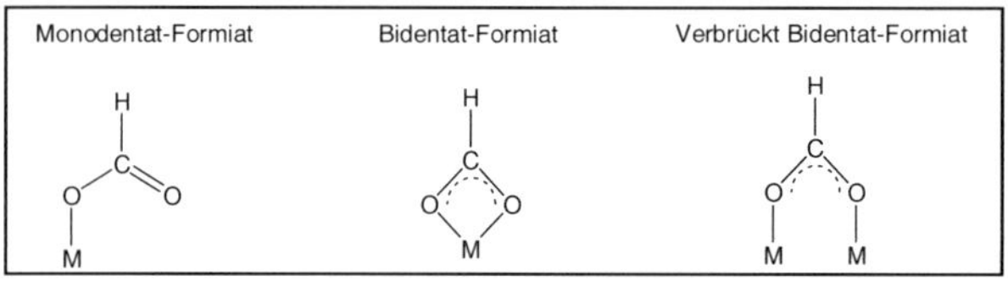

Schema 4-3 Adsorbierte Formiat-Spezies (nach Unland[133]).

Die ν(C=O)-Bande bei 1712 cm^{-1} ist charakteristisch für adsorbiertes MF, wie aus dem MF-Adsorbatspektrum (Abb. 4-6) hervorgeht.

Die Bande bei 1639 cm^{-1} wird der ν_{as}(OCO) einer Monomethyl-Carbonat-Spezies (MMC) zugeordnet. Die Bildung der MMC-Spezies erfolgt durch die Reaktion von Methoxy-Spezies mit CO_2, wie bei der Co-Adsorption von MeOH und CO_2 an Aluminium-[134] und Zirkoniumoxid [135-138] beobachtet werden konnte. Die Bildung von CO_2 durch Totaloxidation von MeOH konnte in unseren Experimenten massenspektrometrisch nachgewiesen werden. Nach Lamotte[132] existieren analog den Carbonatspezies drei verschiedenen Möglichkeiten, wie MMC adsorbiert wird.

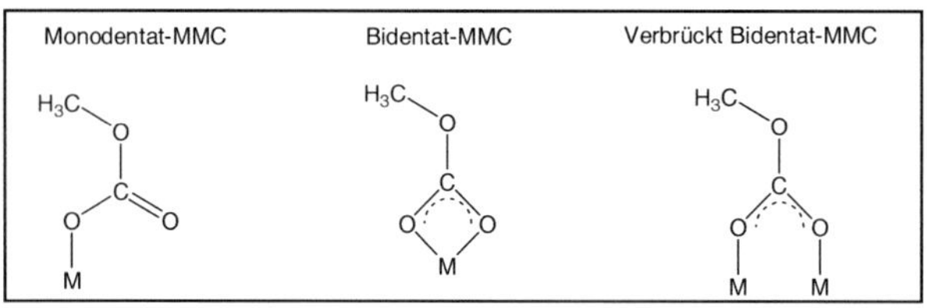

Schema 4-4 Adsorbiertes Monodentat-, Bidentat- und verbrücktes Bidentat-Monomethylcarbonat (nach Lamotte et al.[132] sowie Busca und Lorenzelli[139]).

Die ν_{as}(OCO)-Bande bei 1639 cm^{-1} tritt nur bei den Bidentat-MMC-Spezies auf. Aufgrund der veränderten Symmetrie und Ladungsverteilung werden zwei Schwingungen (ν_{as}/ν_s) der O–C–O-Gruppierung bei 1640 cm^{-1} und 1460 cm^{-1} erwartet.[134] Letztere ist jedoch von der Methoxid-Bande überlagert, so dass nur die Bande bei 1640 cm^{-1} zur Identifizierung herangezogen werden kann. Die Monodentat-MMC-Spezies besitzt eine intakte Carbonylgruppe und es müsste eine ν(C=O)-Bande um 1660 cm^{-1} auftreten,[10] diese wurde aber bei den eigenen Experimenten nicht beobachtet.

Um den Einfluss der Kupferspezies auf die Adsorbatbildung zu klären, wurde MeOH an Katalysatoren mit verschiedenen Kupfergehalten (0CuY, 4CuY, 8CuY und 16CuY) adsorbiert und die Proben IR-spektroskopisch untersucht (Abb. 4-13).

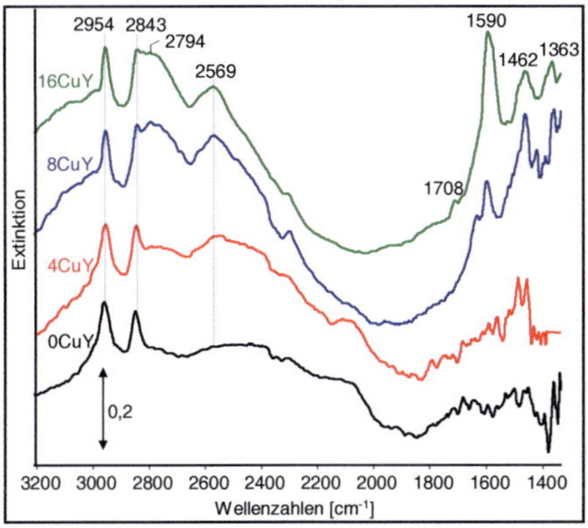

Abb. 4-13 MeOH-Adsorbatspektren an Katalysatoren mit unterschiedlichem Kupfergehalt bei 130°C.

Im Gegensatz zu der von King[9] publizierten Annahme, dass die Bildung der Methoxy-Spezies nur an Cu-Zentren erfolgt, zeigt die Abb. 4-13, dass auch an Cu-freien Katalysatoren, stabile Methoxide mit den typischen ν(CH)- und δ(CH)-Banden vorliegen. Die breite Bande um 2569 cm^{-1} entspricht einer Kombinationsschwingung von ν(C–O) (um 1200 – 1000 cm^{-1})[32] und δ(CH_3) (1462 cm^{-1}).[66] Diese Bande ist bei Katalysatoren ab einem Kupfergehalt von > 8 % am intensivsten.

Bei der Bildung von Methoxiden findet generell eine Wechselwirkung zwischen der schwach basischen OH-Gruppe des Alkohols mit den aziden Zentren des Zeolithen durch Dissoziation der methanolischen OH-Gruppe statt.[76] An den Cu-freien Katalysatoren resultieren die Methoxy-Spezies daher bevorzugt aus der Wechselwirkung von MeOH mit Oberflächen-OH-Gruppen oder Silanolgruppen unter Freisetzung von Wasser (Schema 4-5):

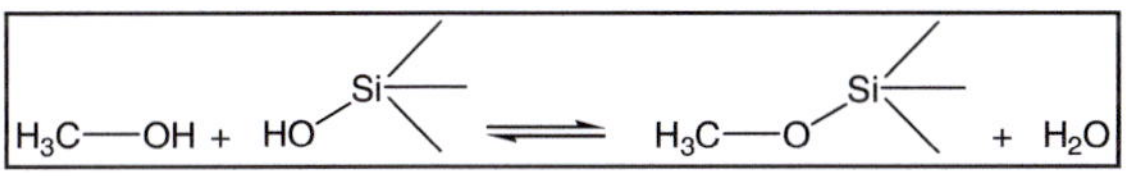

Schema 4-5 Wechselwirkung von MeOH mit Oberflächen-OH-Gruppen (nach Davydov[76]).

Methoxide können aber auch an Lewis-aziden Zentren wie Al^{3+} (CH_3O–Al) gebildet werden.[76, 140]

Der Vergleich der ν(CH_3)-Bandenintensitäten zwischen kupferhaltigen und kupferfreien Proben zeigte, dass bereits bei Anwesenheit geringer Mengen Kupfer wesentlich mehr Methoxide adsorbiert vorliegen, als an der kupferfreien Probe. Daraus folgt, dass die Wechselwirkung von MeOH mit Cu-Lewis-Zentren unter Bildung von Hydroxylgruppen an benachbarten Sauerstoff-Anionen (Schema 4-6) bevorzugt erfolgt.[100, 141]

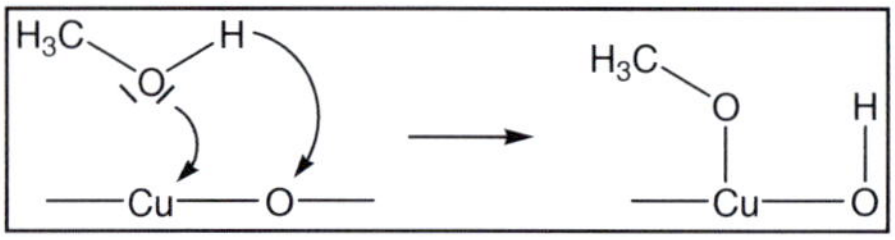

Schema 4-6 Wechselwirkung von MeOH mit Cu-Lewis-Zentren.

Entgegen der von King[9] und Zhang[10] publizierten Annahme, dass die Bildung der Methoxy-Spezies über eine Reaktion von molekular adsorbiertem Methanol mit Sauerstoff erfolgt, konnte gezeigt werden, dass MeOH auch ohne zusätzlichen Sauerstoff sowohl am reinen Zeolithen als auch an Cu-haltigen Katalysatoren als Methoxy-Spezies adsorbiert.

Die Bande der O–C–O-Valenzschwingung von Formiat um 1600 cm^{-1} trat nur bei den Katalysatoren mit einem Cu-Gehalt von ≥ 8 % auf und wird als Produkt einer partiellen Oxidation von Methoxy-Spezies interpretiert. Am intensivsten war diese Bande bei dem Katalysator 16CuY (Abb. 4-13), bei dem aktive Sauerstoffspezies in Form von Cu^{2+}–O^{2-}–Cu^{2+}- sowie Cu^{+}–O^{2-}–Cu^{2+}-Strukturen nachweisbar waren (siehe Kapitel 3.4), so dass eine Oxidation von Methoxy- zu Formiat-Spezies stattfinden kann.

Die Ergebnisse der massenspektrometrischen Gasphasen-Analyse während der MeOH-Dosierung über 13CuY sind in Abb. 4-14 dargestellt.

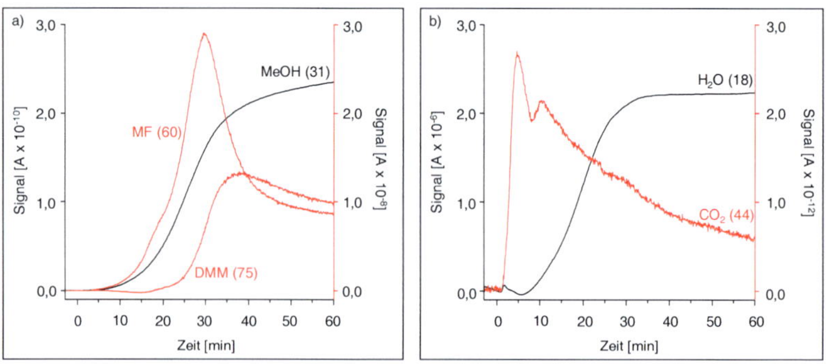

Abb. 4-14 MS-Nettosignalintensitäten von MeOH, DMM, MF und H_2O bei MeOH-Dosierung (6,5 Vol%) über 13CuY bei 150°C.

Das Auftreten der charakteristischen Fragmente von MF, DMM, CO_2 und Wasser wies ebenfalls auf eine Oxidation von MeOH hin. MeOH wurde erst nach ca. 10 min in der Gasphase beobachtet. Die Verzögerung wird durch Adsorption und Reaktion von MeOH am Katalysator verursacht. Erst wenn alle Adsorptionsplätze für MeOH besetzt sind, wird es auch in der Gasphase nachgewiesen. Besonders MF, dessen charakteristisches Fragment simultan mit dem von MeOH erschien, ist das bevorzugte Oxidationsprodukt. Der Overshoot-Effekt deutet an, dass zunächst MF bevorzugt gebildet wird, anschließend aber durch die konkurrierende Reaktion zu DMM oder aufgrund eines Mangels an Adsorptionsplätzen gehemmt wird. Auf die Bildung von DMM und MF wird in Kapitel 4.2.6 näher eingegangen.

Im zeitlichen Verlauf nahmen nach ca. 40 Minuten alle Oxidationsprodukte kontinuierlich ab, was vermutlich mit dem Verbrauch von verfügbarem Gitter-Sauerstoff auf der Oberfläche zusammenhängt. Die Bildung von Wasser zeigte nach etwa 30 Minuten einen kontinuierlichen Verlauf und resultiert aus der Bildung der Produkte DMM, MF und CO_2.

Die simultan gemessenen UV-Vis-DR-Spektren zeigten Veränderungen des Katalysators besonders in den ersten fünf Minuten der Reaktion (Abb. 4-15).

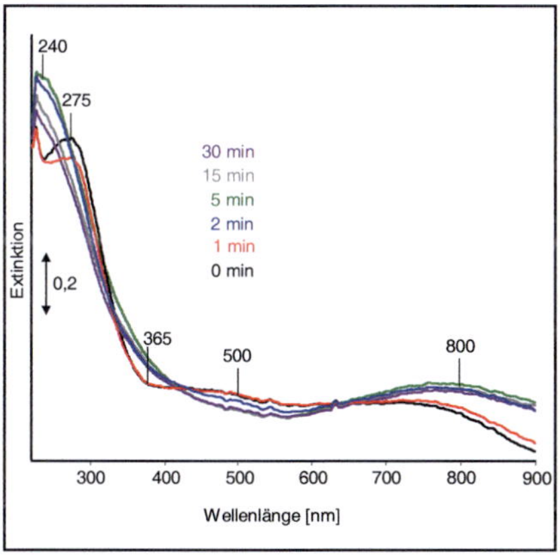

Abb. 4-15 UV-Vis-DR-Spektren von 13CuY während der MeOH-Dosierung bei 150°C.

Die Zunahme der LMCT-Bandenintensität und deren Verschiebung von 275 zu 245 nm sowie die zunehmende Bandenintensität der d-d-Übergänge der Cu^{2+}-Ionen um 800 nm in den ersten fünf Minuten der MeOH-Dosierung resultierten aus der sukzessiven Adsorbatbildung, die zu Veränderungen in der Koordinationsphäre der Cu-Kationen führen. Die Abnahme der IVCT-Bande bei 500 nm weist auf die Teilnahme von CuO_x-Agglomeraten an der auch IR-spektroskopisch und massenspektrometrisch nachgewiesenen MeOH-Oxidation hin.

4.2.6 MeOH/$^{16}O_2$ und MeOH/$^{18}O_2$

Wie bereits beschrieben, adsorbiert MeOH an unseren CuY-Katalysatoren dissoziativ und vorzugsweise an den Cu-Zentren unter Bildung von Methoxy-Spezies und OH-Gruppen mit Beteiligung benachbarter Oxid-Anionen. Dafür war generell kein zusätzlicher Sauerstoff notwendig. Jedoch beobachtete King[9] an seinen ausgetauschten Y-Zeolithen, dass die Methoxidbildung durch zusätzlichen Gasphasen-Sauerstoff gefördert wird. Um den Einfluss von Sauerstoff auf die Methoxidbildung zu untersuchen, wurden die Katalysatoren 4CuY und 13CuY mit einem O_2-haltigen Methanol-Strom bei 150°C behandelt. Die Spektren, die 30 Minuten nach der Entfernung von MeOH und O_2 aus der Gasphase aufgenommen wurden, sind im Vergleich zu den entsprechenden MeOH-Adsorbatspektren in Abb. 4-16 dargestellt.

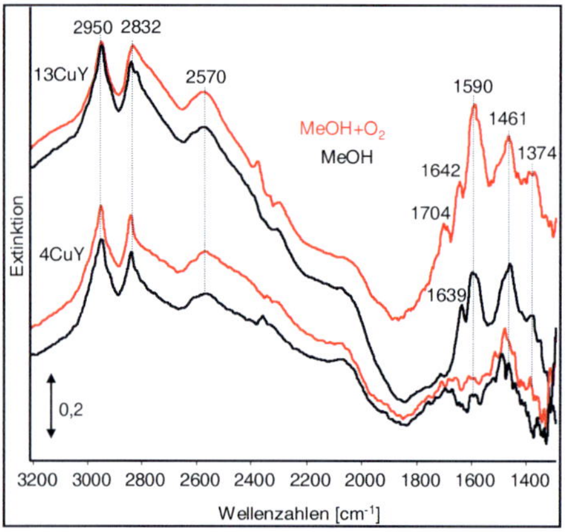

Abb. 4-16 DRIFT-Spektren von 4CuY und 13CuY während der MeOH/He bzw. MeOH/O_2/He-Dosierung (5,1 Vol.% MeOH und 1,2 Vol.% O_2) bei 150°C.

Die Bandenpositionen und -intensitäten von ν(CH) bei 2950/2832 cm^{-1} und von δ(CH) bei 1461 cm^{-1} sowie der Kombinationsschwingung ν(CO) + δ(CH_3) bei 2570 cm^{-1} sind bei beiden Katalysatoren unabhängig von der Anwesenheit gasförmigen Sauerstoffs zu beobachten, so dass Gasphasensauerstoff, wie bereits gezeigt, für die Methoxidbildung nicht erforderlich ist. Nach Schema 4-6 sind lediglich benachbarte Sauerstoffanionen für die H-Abstraktion von MeOH notwendig.

Da die Katalysatoren durch Tränkung und Kalzinierung bei 400°C unter Luft hergestellt wurden, enthalten sogar die Katalysatoren mit niedrigem Kupfergehalt ausreichend Sauerstoffanionen für die Methoxidbildung. Im Gegensatz dazu wurden die Katalysatoren von King[9] durch Festphasen-Ionenaustausch bei 650°C unter inerter Atmosphäre hergestellt und sind gemäß der Veröffentlichung bis auf zeolithischen Gittersauerstoff weitestgehend frei von leicht verfügbarem Extragittersauerstoff, so dass zusätzlicher Sauerstoff aus der Gasphase die H-Abstraktion und damit die Methoxidbildung fördert.

An Katalysatoren mit höherer Kupferbeladung (13CuY) wurden in Gegenwart von O_2 mehr formiathaltige Spezies gebildet, die an 4CuY mit Gasphasensauerstoff nur in geringem Ausmaß nachweisbar waren. Dies verdeutlicht die höhere Oxidationskraft des Katalysators mit hohem Kupfergehalt. Offenbar wirkt hauptsächlich der Gittersauerstoff, geliefert von den CuO_x-Agglomeraten bei höheren Cu-Gehalten, als Oxidationsmittel, während der Gasphasensauerstoff eher für die Re-Oxidation wichtig ist. Bei vergleichenden FTIR-Untersuchungen mit einem höheren Sauerstoffgehalt im MeOH/O_2-Gemisch (6 Vol.% MeOH, 6 Vol.% O_2)

wurden auch bei dem Katalysator 4CuY intensive Banden der Formiat-Spezies beobachtet.[100] Offenbar fördern hohe Mengen an Gasphasensauerstoff ebenfalls die Oxidation von Methoxy-Spezies.

Die ν_{as}(OCO)-Bande der MMC-Spezies (1640 cm^{-1}) wurde nur bei dem Katalysator mit dem hohen Kupfergehalt (13CuY) beobachtet und war bei Anwesenheit von Gasphasensauerstoff intensiver. Demnach fördert zusätzlicher Gasphasensauerstoff die unselektive Totaloxidation von MeOH zu CO_2, welches mit adsorbiertem Methoxid zu der MMC-Spezies reagiert. Massenspektrometrisch wurde tatsächlich die dreifache Menge CO_2 bei MeOH/O_2/He-Dosierung im Vergleich zur MeOH/He-Dosierung registriert.

Durch Einsatz von $^{18}O_2$ sollte der Weg des Sauerstoffs bei der MeOH-Oxidation aufgeklärt werden. Die simultan aufgenommenen DRIFT-Spektren und MS-Signalintensitäten von Sauerstoff und den verschiedenen Produkten nach dem Umschalten von MeOH/$^{16}O_2$/He auf MeOH/$^{18}O_2$/Ne/He sind in den Abb. 4-17 und Abb. 4-18 dargestellt.

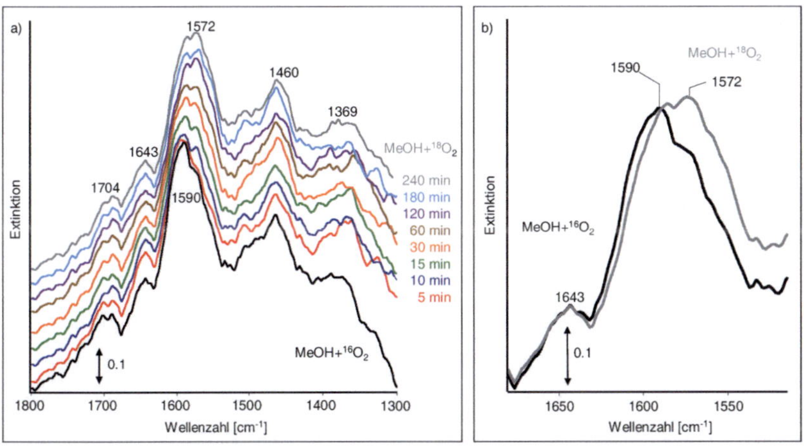

Abb. 4-17 a) DRIFT-Spektren von 13CuY bei 150°C, gemessen nach 210 min Dosierung von MeOH/$^{16}O_2$/He und Umschalten auf MeOH/$^{18}O_2$/He (je 5,1/1,2/93,7 Vol%). b) Vergleich der Spektren nach 210 min MeOH/$^{16}O_2$ und 240 min MeOH/$^{18}O_2$.

Bei den Umschaltexperimenten von MeOH/$^{16}O_2$ auf MeOH/$^{18}O_2$ wurde die ν_{as}(OCO)-Bande von Formiat (um 1590 cm^{-1}) zu niederen Wellenzahlen (um 1572 cm^{-1}) verschoben, während sich die Lage der ν_{as}(OCO)-Bande von MMC (1643 cm^{-1}) und der $\delta(CH_3)$-Bande von Methoxid (1460 cm^{-1}) nicht veränderte. Eine detaillierte Analyse der einzelnen Formiatstrukturen ist schwierig, da die Banden überlagert sind und deshalb eine breite und nicht gut aufgelöste

Bande resultierte. Trotzdem war beim Austausch von $^{16}O_2$ gegen $^{18}O_2$ eine Veränderung in der Position und Form der Formiatbande sichtbar, wobei die Intensität leicht zunahm. Dieser Effekt ist beim Vergleich der Spektren nach 210 min MeOH/$^{16}O_2$ und 240 min MeOH/$^{18}O_2$ besser erkennbar (Abb. 4-17b). So ist die Formiatbande nach dem Umschalten breiter und weist zwei Maxima bei 1585 und 1572 cm^{-1} auf, die auf unmarkiertes und ^{18}O-markiertes Formiat zurückgeführt werden können. Das Ausmaß der zu erwartenden Verschiebung kann über die folgenden Gleichungen (Gl. 4-9 bis Gl. 4-11) abgeschätzt werden.

$$\frac{\nu_{^{18}O^{12}C^{16}O}}{\nu_{^{16}O^{12}C^{16}O}} = \sqrt{\frac{\mu_{(^{16}O^{12}C^{16}O)}}{\mu_{(^{18}O^{12}C^{16}O)}}} \qquad \textbf{Gl. 4-9}$$

$$\nu(^{18}OC^{16}O) = 0{,}964 \cdot \nu(^{16}OC^{16}O) \qquad \textbf{Gl. 4-10}$$

$$\nu(^{18}OC^{16}O) = 0{,}964 \cdot 1585\ cm^{-1} = 1528\ cm^{-1} \qquad \textbf{Gl. 4-11}$$

Demnach beträgt die theoretische Verschiebung der Bande bei Austausch von $^{16}O_2$ gegen $^{18}O_2$ $\Delta\nu$ = 57 cm^{-1} und liegt damit deutlich über der experimentell beobachteten Verschiebung. Allerdings ist die Abschätzung über die reduzierte Masse stark vereinfacht, da diese von Molekülen in der Gasphase ausgeht. Die Tatsache, dass Formiat über die O-Atome am Katalysator adsorbiert ist und die Schwingung dadurch eingeschränkt ist, wird bei der Berechnung nicht berücksichtigt.

In Abb. 4-18 sind die entsprechenden MS-Netto-Signalintensitäten von Sauerstoff, CO_2 MF und DMM dargestellt. Aus den MS-Signalintensitäten von MF und CO_2 folgt, dass die Bildung von $C^{16}O^{16}O$ und $^{16/16}$MF langsam aber kontinuierlich abnahm und die Bildung von $C^{16}O^{18}O$ und $^{16/18}$MF in gleichem Maße zunahm. Während sogar $C^{18}O^{18}O$ in sehr geringen Mengen nachgewiesen werden konnte, wurde kein $^{18/18}$MF beobachtet. Nach 240 min Dosierung des ^{18}O-haltigen Gasgemisches konnten neben der Bildung der markierten Produkte auch noch unmarkierte Produkte nachgewiesen werden, was auf einen relativ langsamen Austausch hinweist. Das entstandene DMM enthält dagegen nahezu kein ^{18}O. Selbst unter MeOH/$^{18}O_2$-Feed ging die Bildung von unmarkiertem DMM weiter und lediglich geringe Mengen ^{18}O-haltiges DMM entstanden.

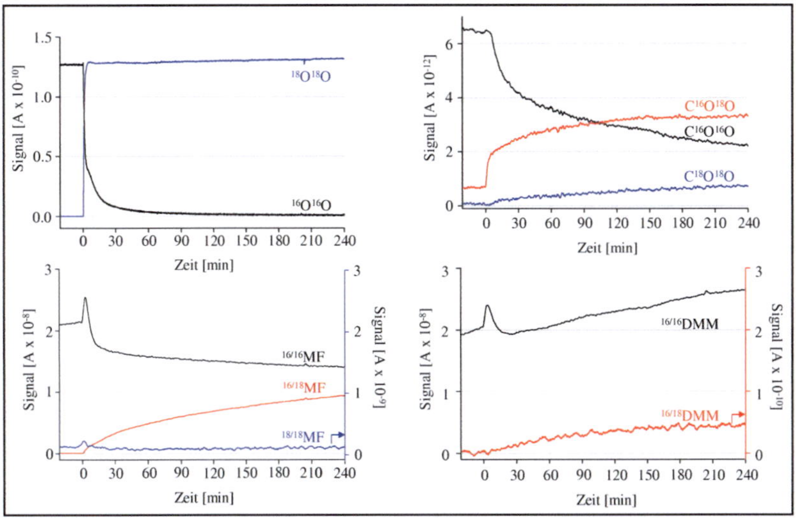

Abb. 4-18 MS-Nettosignalintensität von O_2, MF, CO und DMM in Abhängigkeit von der Zeit. Zum Zeitpunkt t = 0 wurde von MeOH/$^{16}O_2$/He auf MeOH/$^{18}O_2$/He (mit je 5,1/1,2/93,7 Vol.%) umgeschaltet.

Das deutet auf unterschiedliche Bildungswege von MF und DMM hin, die aber verständlich sind, wenn man die prinzipiellen Reaktionswege der MeOH-Oxidation berücksichtigt.[29, 32] Diese beinhalten nämlich Oxidationsreaktionen, die Sauerstoff benötigen (aus dem Katalysator oder der Gasphase) und Dehydratisierungsreaktionen, die ohne Beteiligung von O_2 ablaufen (Schema 4-7).

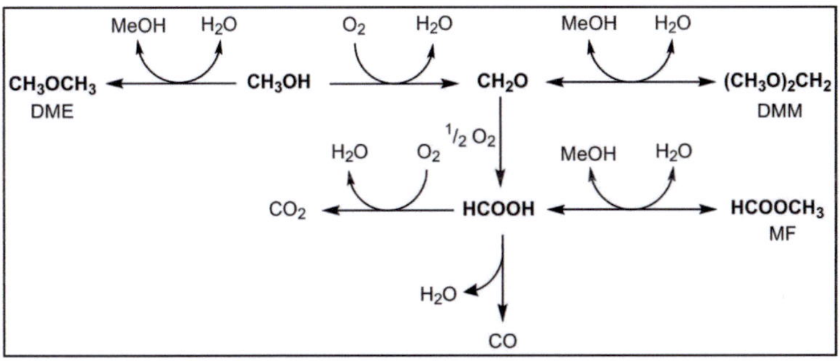

Schema 4-7 Oxidations- und Dehydratisierungsreaktionen von MeOH (nach Tatibouët[29]).

Alle Oxidationsprodukte werden über Formaldehyd (FA) als Intermediat gebildet, wobei dieses in einem oxidativen Dehydrierungsschritt entsteht, bei dem Sauerstoff zur H-Abstraktion erforderlich ist.[29, 32] In Gegenwart von $^{18}O_2$ wird deshalb kein ^{18}O-haltiges FA gebildet, so dass in der Folgereaktion von FA mit MeOH (unter Wasserabspaltung und über ein Halbacetal) vorrangig unmarkiertes DMM entsteht, was auch beobachtet wurde.

Die Reaktion von FA zu MF wird unterschiedlich diskutiert. Takahashi et al.[34] sowie Zhang und Bell[10] vermuten das gleiche Halbacetal wie bei der DMM-Bildung als Intermediat, welches mit Formaldehyd schließlich zu MF reagieren soll. Dem widerspricht aber die Tatsache, dass die Signalintensitäten der unmarkierten Produkte DMM und MF bei der MeOH/$^{16}O_2$/He-Dosierung vergleichbar waren, die Intensitäten der Produkte mit jeweils einem schweren Sauerstoffatom bei MeOH/$^{18}O_2$/Ne/He-Dosierung sich aber um den Faktor 200 unterschieden. Bei einem gemeinsamen Halbacetal-Intermediat müssten auch die isotopenmarkierten Komponenten in der gleichen Größenordnung auftreten, da die Folgereaktionen ausgehend vom Halbacetal keinen weiteren Sauerstoff erfordern. Die Oxidation von FA zu Ameisensäure, die adsorbiert als Formiat vorliegt und in einer Folgereaktion mit MeOH zu MF führt, ist deshalb wahrscheinlicher. Dabei wird Formiat durch Oxidation von FA über ein Dioxymethylen-Intermediat gebildet.[32] Die weitere Oxidation von Formiat führt schließlich zum CO_2.[29]

An den Oxidationsschritten, die zu Formiat bzw. MF und CO_2 führen, ist hauptsächlich Gittersauerstoff beteiligt, da Formiat-Spezies, MF und sogar CO_2 auch bei Abwesenheit von molekularem Sauerstoff nachgewiesen wurden. Das wird auch durch die langsame und kontinuierliche Zunahme der MS-Signalintensitäten von ^{18}O-markiertem MF und CO_2 im Vergleich zur MS-Signalintensität von $^{18}O_2$ bestätigt sowie durch die langsame Verschiebung der Formiatbande in den DRIFT-Spektren. Von CuO ist eine hohe Aktivität zur vollständigen Oxidation von Methanol selbst bei Raumtemperatur allgemein bekannt.[32, 76, 112] Da die Katalysatoren mit hohem Kupfergehalt nachweislich CuO enthalten, kann die Totaloxidation von MeOH ablaufen. Gleichzeitig gilt der Brückensauerstoff von Cu^{2+}–O^{2-}–Cu^{2+}- oder Cu^{+}–O^{2-}–Cu^{2+}-Oxokationen als beweglich und aktiv in selektiven Oxidationsreaktionen.[76] Die Beteiligung solcher Spezies wurde UV-Vis-DR-spektroskopisch bei der Methanol-Oxidation zu Formiat- und Carbonat-ähnlichen Spezies an 13CuY nachgewiesen (Kapitel 4.2.5). Der Sauerstoff aus der Gasphase stellt gemäß dem Mars-van-Krevelen-Mechanismus schließlich den Oxidationszustand des Katalysators wieder her. Auf diese Weise wurde der unmarkierte Oberflächensauerstoff nach und nach gegen ^{18}O ausgetauscht, so dass eine kontinuierliche Zunahme der ^{18}O-markierten Formiat-Spezies sowie der Fragmente von $^{16/18}$MF und $C^{16}O^{18}O$ resultierte.

MF entsteht schließlich durch Veresterung der Formiat-Spezies mit Methanol. Je nachdem, ob das ^{18}O- oder das ^{16}O-Atom des Formiats durch die Veresterung eliminiert wird, kann aus einer $^{16/18}$Formiat-Spezies, entweder $^{16/16}$MF oder $^{16/18}$MF gleichermaßen gebildet werden. Daher kann IR-spektroskopisch bereits nach 210 Minuten überwiegend die ^{18}O-markierte Spezies beobachtet werden, während massenspektrometrisch auch nach 240 Minuten mehr unmarkiertes MF auftritt. Die Bildung von $^{18/18}$MF ist nicht möglich und wurde auch nicht beobachtet.

Mit fortschreitender Reaktion unter MeOH/$^{18}O_2$ wurden zwar sehr geringe, aber zunehmende MS-Signalintensitäten von $^{16/18}$DMM und $C^{18}O^{18}O$ beobachtet. Die Bildung dieser Produkte kann nur über ein ^{18}O-markiertes Formaldehyd-Intermediat erfolgen, welches aus der Hydrolyse von DMM mit ^{18}O-markiertem Wasser entstehen kann. Es ist bekannt, dass Acetale bei Anwesenheit von Wasser durch eine Hydrolysereaktion wieder in Aldehyde und Methanol rückgebildet werden.[142] Stasiuk et al.[143] konnten unter Verwendung von ^{18}O-markierten Aldehyden die Bindungsspaltung zwischen dem Carbonylkohlenstoff und dem Sauerstoff durch Hydrolyse mit Wasser nachweisen, da $H_2{}^{18}O$ detektiert wurde. Umgekehrt können ^{18}O-markierte Aldehyde durch Hydrolyse der entsprechenden Acetale mit $H_2{}^{18}O$ gebildet werden, wie in Schema 4-8 dargestellt.

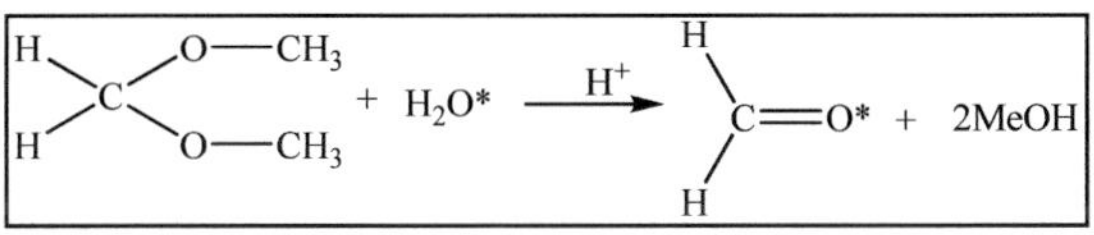

Schema 4-8 Hydrolyse von DMM mit isotopenmarkiertem Wasser.

Gleichzeitig kann durch die Anwesenheit von $H_2{}^{18}O$ eine Hydratisierung des Formaldehyds selber stattfinden, die ebenfalls zum Austausch des Sauerstoffs führt.[144] Durch Addition von MeOH an ^{18}O-markiertes Formaldehyd entsteht ^{18}O-markiertes DMM, weitere Oxidationen des Formaldehyds führen über zweifach ^{18}O-markiertem Formiat schließlich zum $C^{18}O^{18}O$.

4.2.7 MeOH/CO

Die DRIFT-Spektren von 13CuY nach MeOH/^{12}CO/He-Dosierung und nach Umschalten auf MeOH/^{13}CO/Ne/He sind Abb. 4-19 dargestellt.

Nach 120 min MeOH/^{12}CO wurden Banden bei 2119/2073, 1735/1690, 1639, 1601 und 1477/1453 cm^{-1} in den DRIFT-Spektren beobachtet. Während die $\nu(Cu^+{-}^{12}CO)$-Bande bei der CO-Einzeladsorption bei 2160 cm^{-1} auftrat (z. B.: Abb. 3-9a), erscheint sie bei gemeinsamer Dosierung von MeOH und CO bei 2119 cm^{-1}.

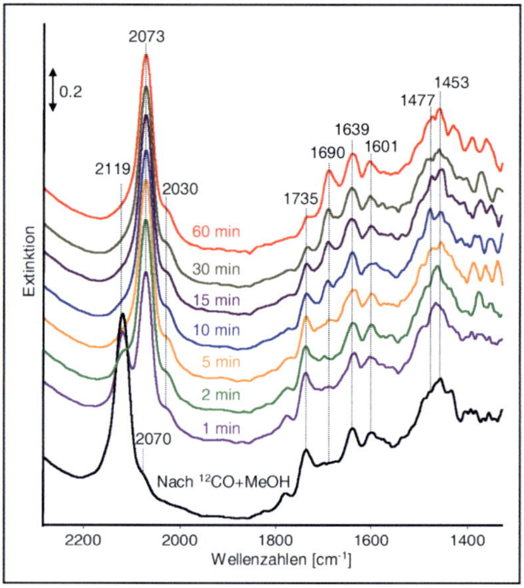

Abb. 4-19 DRIFT-Spektren von 13CuY bei 150°C nach 120 min MeOH/^{12}CO/He und Umschalten auf MeOH/^{13}CO/Ne/He (mit 4,8 Vol.% MeOH, 2,4 Vol.% CO und 0,2 Vol.% Ne).

Die Verschiebung um $\Delta\nu = 40\ cm^{-1}$ zu kleineren Wellenzahlen bei MeOH/CO-Dosierung im Vergleich zur CO-Dosierung weist auf eine gemeinsame Adsorption von CO und Methoxy-Spezies an demselben Cu^{+}-Kation hin.[100] So bewirken adsorbierte Methoxy-Spezies eine höhere Elektronendichte an den Cu-Kationen, was wiederum die Rückbindung zum CO verstärkt, so dass die Elektronendichte im antibindenden Orbital von CO zunimmt. Als Konsequenz verringert sich die Kraftkonstante k der C–O-Bindung, was in einer kleineren Wellenzahl der C–O-Valenzschwingung resultiert.[12, 24] Das gleiche gilt für die $\nu(Cu^{+}–^{12}CO)$-Bande bei 2070 cm^{-1}, die adsorbiertem CO an Cu^{+} in oxidischer Umgebung entspricht und bei der Einzeladsorption von CO um 2116 cm^{-1} auftrat (Abb. 3-9a).

Bei der Wechselwirkung von MeOH und CO mit dem Katalysator wurden ebenfalls die charakteristischen $\delta(CH_3)$-Banden (1477/1452 cm^{-1}) für Methoxid, die $\nu_{as}(OCO)$-Bande für Formiat (1600 cm^{-1}) und die $\nu_{as}(OCO)$-Bande für Bidentat-MMC (1639 cm^{-1}) beobachtet. Die Bandenintensitäten unterscheiden sich deutlich von denen, die unter MeOH oder MeOH/O_2-Dosierung am selben Katalysator beobachtet wurden, wie Abb. 4-20 deutlich zeigt. Bei den Wechselwirkungen des Katalysators mit MeOH/O_2 war die $\nu_{as}(OCO)$-Bande für Formiat wesentlich intensiver und die für MMC nur schwach als Schulter nachweisbar, während im Falle der Wechselwirkung von MeOH/CO die $\nu_{as}(OCO)$-Bande für MMC die intensivere war.

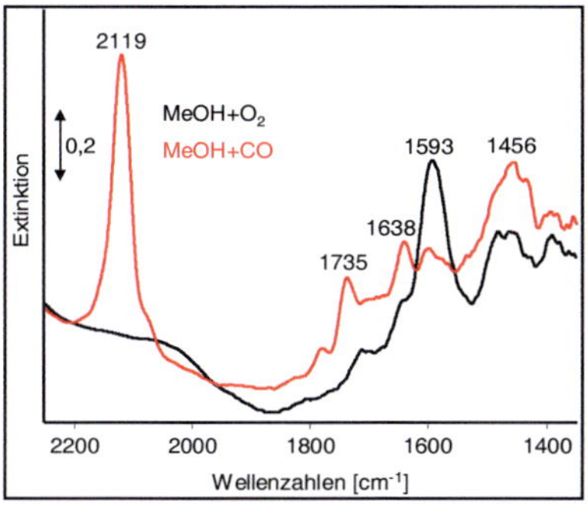

Abb. 4-20 DRIFT-Spektren von 13CuY bei 150°C nach 120 min MeOH/CO/He- und MeOH/O_2/He-Dosierung (4,8 Vol.% MeOH; 2,4 Vol.% CO; 1,2 Vol.% O_2).

Offenbar wird die MMC-Spezies bevorzugt durch die Wechselwirkung von CO mit MeOH gebildet, aber auch bei alleiniger MeOH-Dosierung bzw. MeOH/O_2-Dosierung durch die Wechselwirkung von MeOH mit CO_2 (aus der Totaloxidation von MeOH). Die MMC-Spezies sind dabei an Cu^{2+}-Kationen adsorbiert, da deren Bildung die CO-Bandenposition nicht beeinflusst. Die Formiat-Spezies entsteht durch Wechselwirkung von MeOH mit Extragitter- oder Gasphasen-Sauerstoff.

Bei 1735 cm^{-1} wurde erstmals eine ν(C=O)-Bande beobachtet, die aus adsorbiertem DMC resultiert, wie anhand der Adsorbatspektren von DMC in Kapitel 4.2.1 nachgewiesen wurde.

Innerhalb von fünf Minuten nach dem Umschalten von MeOH/^{12}CO/He auf MeOH/^{13}CO/Ne/He war der Austausch von Cu^+–^{12}CO zu Cu^+–^{13}CO vollständig, wie durch das Verschwinden der ν(Cu^+–^{12}CO)-Bande bei 2120 cm^{-1} und das Auftreten der ν(Cu^+–^{13}CO)-Bande bei 2073 cm^{-1} nachgewiesen wurde (Abb. 4-19).

Die simultan aufgenommen MS-Signalintensitäten von CO, CO_2 und DMC sind in Abb. 4-21 dargestellt. Für die Bildung der Nebenprodukte MF und DMM ist nach dem Schema 4-7 kein CO notwendig, was experimentell durch die Abwesenheit von ^{13}C-markiertem MF und DMM bei Anwesenheit von ^{13}CO bestätigt wurde. DMC konnte massenspektrometrisch in der Gasphase eindeutig durch sein Molekülpeak mit der Massezahl m/z = 90 nachgewiesen werden und bestätigte damit den Befund der DRIFTS-Messungen, dass DMC bei MeOH/CO-Dosierung auch ohne zusätzlichen Sauerstoff gebildet wird.

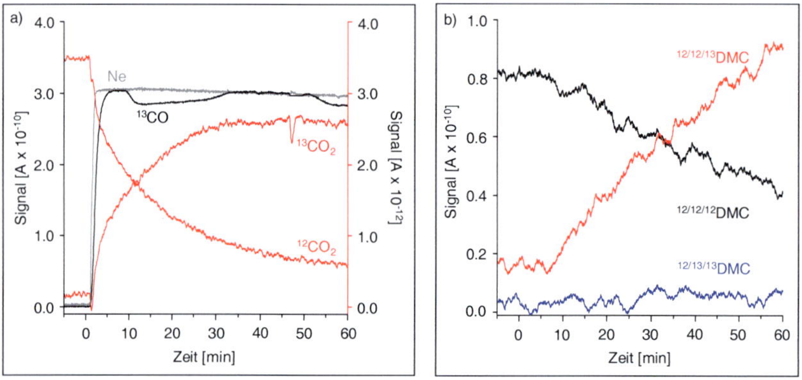

Abb. 4-21 MS-Nettosignalintensität in Abhängigkeit von der Zeit während der MeOH/^{12}CO/He-Dosierung und Umschalten zu MeOH/^{13}CO/Ne/He (4,8 Vol.% MeOH; 2,4 Vol.% CO; 0,5 Vol.% Ne) an 13CuY; von a) Ne, ^{13}CO, CO_2 und b) DMC.

Nach dem Umschalten von MeOH/^{12}CO zu MeOH/^{13}CO wurde auch isotopenmarkiertes DMC in der Gasphase durch die MS-Signalintensitätszuname des Fragmentes m/z = 91 nachgewiesen, während die Signalintensität von unmarkiertem DMC (m/z = 90) abnahm. Erwartungsgemäß wurde kein Fragment mit m/z = 92 ($^{12/13/13}$DMC) oder 93 ($^{13/13/13}$DMC) beobachtet. Die zeitlichen Veränderungen der MS-Signalintensitäten von $^{12/12/12}$DMC und $^{12/12/13}$DMC erfolgten langsam und nicht simultan zu den Veränderungen der IR-Bandenintensitäten. Das wird offensichtlich durch überlappende Prozesse der Adsorption/Desorption von DMC und des Isotopen-Austausches verursacht. Experimente mit dem reinen Produkt zeigten, dass DMC bei 150°C relativ stabil auf der Oberfläche adsorbiert ist (Kapitel 4.2.1) und nur langsam in die Gasphase desorbiert, so dass auch nach 60 Minuten noch unmarkiertes DMC, sowohl als Adsorbat (Bande bei 1735 cm^{-1}) als auch als Gasphasenprodukt (m/z = 90) beobachtet werden konnte. Im Gegensatz dazu waren die Ab- und Zunahme der MS-Signalintensitäten der Fragmente m/z = 44 ($^{12}CO_2$) und m/z = 45 ($^{13}CO_2$) vergleichbar. Die Bildung von $^{13}CO_2$ resultiert aus der ^{13}CO-Oxidation mit dem Sauerstoff aus CuO und CuO_x-Spezies, wie in Kapitel 4.2.3 beschrieben. Nach 60 Minuten MeOH/^{13}CO-Dosierung werden noch geringe Mengen $^{12}CO_2$ in der Gasphase beobachtet, die durch Totaloxidation von MeOH unter Beteiligung von CuO gebildet werden.

4.2.8 $MeOH/CO/O_2$

In Abb. 4-22 sind die DRIFT-Spektren von 13CuY nach Reaktion von $MeOH/CO/O_2$ im Vergleich zu MeOH/CO bei 150°C dargestellt, während die Abb. 4-23 die simultan registrierten MS-Signalintensitäten für DMC, CO_2, MF und DMM zeigt.

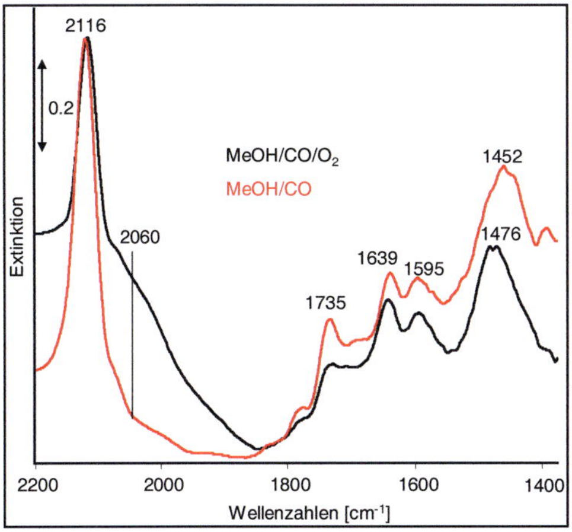

Abb. 4-22 DRIFT-Spektren von 13CuY bei 150°C nach 120 min MeOH/CO/He- und $MeOH/CO/O_2/He$-Dosierung (4,8 Vol.% MeOH; 2,4%Vol.% CO; 1,2 Vol.% O_2).

Aus IR-spektroskopischer Sicht finden hinsichtlich der Adsorbatbildung sowohl mit Gasphasensauerstoff als auch ohne vergleichbare Reaktionen statt. So treten die gleichen Banden auf, die adsorbiertes CO (2116 cm^{-1}), MMC (1639 cm^{-1}), Formiat (1595 cm^{-1}), DMC (1735 cm^{-1}) und Methoxide (1476/1452 cm^{-1}) charakterisieren. Betrachtet man die Intensität der ν(C=O)-Bande von DMC, so fällt auf, dass diese in Anwesenheit von Sauerstoff geringer ist als ohne Sauerstoff. Die Intensität und Form der $\nu(Cu^+–CO)$-Bande variieren ebenfalls in Abhängigkeit des O_2-Gehaltes des Feeds. So ist die $\nu(Cu^+–CO)$-Bande mit dem Maximum bei 2116 cm^{-1} bei der $MeOH/CO/O_2$-Dosierung deutlich weniger intensiv. Offenbar liegt bei Anwesenheit von Sauerstoff weniger CO adsorbiert vor.

Massenspektrometrisch (Abb. 4-23) wurde unter O_2-haltigem Feed eine stärkere Bildung der Nebenprodukte CO_2, DMM und MF sowie eine etwas geringere Bildung von DMC nachgewiesen. Mit zunehmender Dauer der MeOH/CO-Dosierung nahm die Bildung von CO_2 und MF langsam ab, während bei $MeOH/CO/O_2$-Dosierung ein konstanter Verlauf registriert wird. Offenbar wird bei MeOH/CO-Dosierung der Sauerstoff aus den CuO_x-Spezies verbraucht, so dass unselektive Oxidationsreaktionen, wie die Bildung von MF und CO_2, langsam abnehmen. Der Gasphasensauerstoff bewirkt eine Re-Oxidation der Kupferspezies.

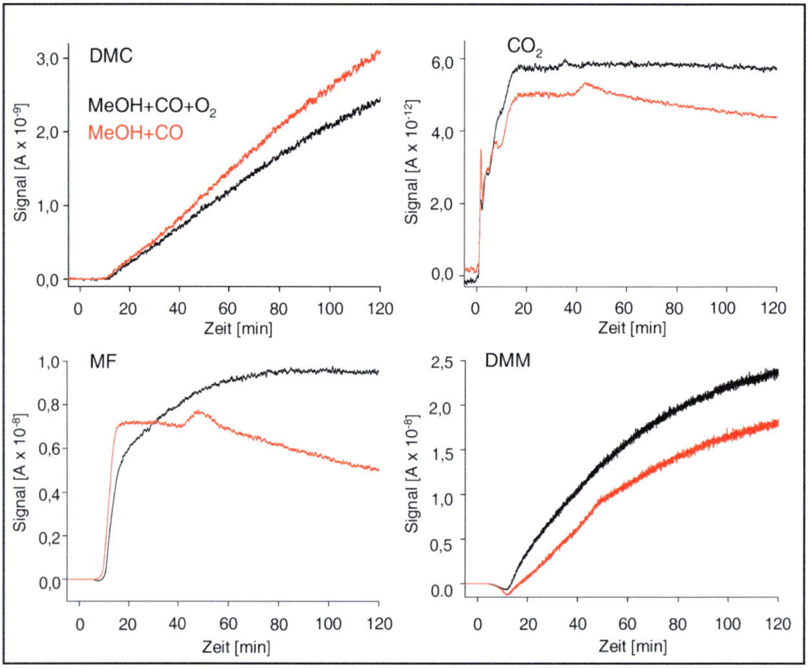

Abb. 4-23 MS-Nettosignalintensität von DMC, CO_2, MF und DMM während der MeOH/CO/He und MeOH/CO/O_2/Ne/He-Dosierung (4,8 Vol.% MeOH; 2,4%Vol%CO; 1,2 Vol% O_2) zu 13CuY bei 150°C.

Um den Einfluss der Temperatur auf die Adsorbat- und die entsprechende Produktbildung zu untersuchen, wurde die Reaktion von MeOH/CO/O_2 an 13CuY sowohl bei 150°C als auch bei 130°C durchgeführt. Die bei 130°C und 150°C während der MeOH/CO/O_2-Dosierung erhaltenen DRIFT-Spektren sind in Abb. 4-24a und die simultan gemessenen MS-Netto-Signalintensitäten in Abb. 4-24b dargestellt.

Im Vergleich zu den Experimenten bei 150°C trat bei 130°C die typische ν_{as}(OCO)-Bande für Formiat nicht auf (Abb. 4-24a), während massenspektrometrisch auch deutlich geringere Anteile von MF und DMM registriert wurden (Abb. 4-24b). Dieses Ergebnis zeigt die bevorzugte Oxidation von MeOH über das Intermediat Formaldehyd zu den Oxidationsprodukten bei höheren Temperaturen. Bei den niedrigen Temperaturen zeigte sich zusätzlich eine schwache ν(C=O)-Bande, die MF zugeordnet werden kann, welches bei 130°C z. T. noch adsorbiert vorliegt.

Die MS-Nettosignalintensitäten von DMC bei 130°C und 150°C unterscheiden sich nicht so stark, aber die Selektivität war bei 130°C höher. Zusätzlich muss die stärkere Adsorption von

DMC an der Katalysatoroberfläche bei 130°C berücksichtigt werden, die aus dem Vergleich der entsprechenden Bandenintensitäten bei 1735 cm^{-1} deutlich wird.

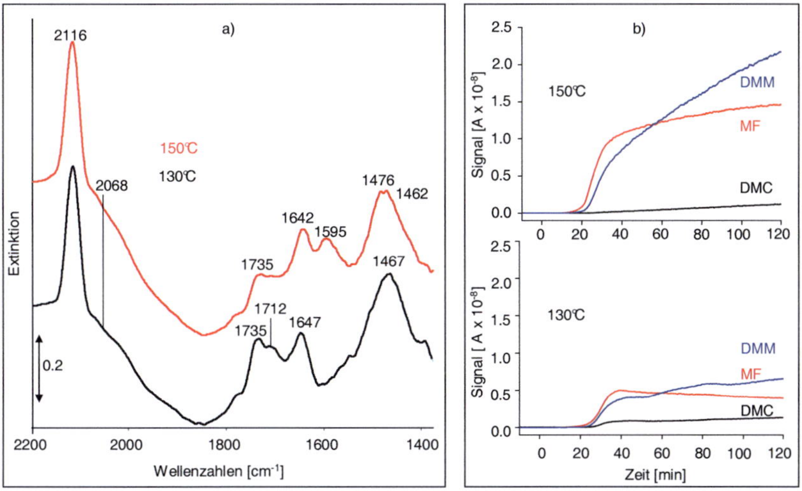

Abb. 4-24 a) DRIFT-Spektren von 13CuY nach 60 min MeOH/$^{12}CO/O_2$/He-Dosierung bei 130 und 150°C (4,8 Vol.% MeOH; 2,4 Vol.% CO; 1,2 Vol.% O_2). b) Simultan gemessene MS-Netto-Signalintensitäten von MF, DMM und DMC mit der Zeit während der MeOH/$^{12}CO/O_2$-Dosierung.

Übereinstimmend damit zeigten auch die katalytischen Testungen (Kapitel 3.8) eine geringere DMC-Selektivität bei höheren Temperaturen. Zusammenfassend folgt daraus, dass sich durch eine Herabsetzung der Reaktionstemperatur auf 130°C und eine Minimierung des O_2-Anteils im Dosierungsgemisch die DMC-Selektivität deutlich erhöhen lässt.

4.2.9 MeOH-Adsorption nach CO/O_2-Voradsorption

Oberflächencarbonat-Spezies wurden ebenfalls als Intermediate in der DMC-Bildung diskutiert.[20] Die Bildung solcher Spezies bei Wechselwirkung von CO und O_2 mit den Cu-Kationen konnte durch die eigenen Experimente (siehe Kapitel 4.2.4) bestätigt werden. Um zu überprüfen, ob eine Veresterung der Carbonat-Spezies mit Methanol zu DMC (Diester der Kohlensäure) erfolgt, wurden CO und O_2 an 13CuY voradsorbiert und anschließend MeOH dosiert. Die DMC-Bildung bei MeOH-Dosierung nach CO/O_2-Adsorption im Vergleich zur simultanen MeOH/CO/O_2-Dosierung an 13CuY ist in Abb. 4-25 anhand der MS-Signalintensitäten gezeigt.

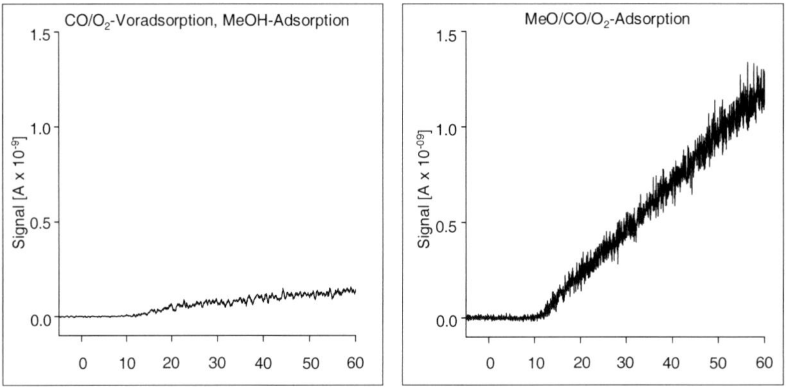

Abb. 4-25 MS-Nettosignalintensität von DMC bei MeOH/He-Dosierung nach CO/O_2-Voradsorption an 13CuY (links) und bei simultaner $MeOH/CO/O_2/He$-Dosierung (6,5 Vol.% MeOH; 0,6 Vol.%CO; 1,5 Vol.% O_2) jeweils bei 150°C.

Nach CO/O_2-Voradsorption und anschließender MeOH-Adsorption werden im Vergleich zur simultanen $MeOH/CO/O_2$-Dosierung nur sehr geringe Mengen an DMC nachgewiesen. Die bevorzugt gebildeten Bidentat- und verbrückten Bidentat-Carbonate (Kapitel 4.2.4) sind wahrscheinlich so stabil, dass eine Reaktion mit MeOH nicht stattfinden kann. Die sehr geringen DMC-Mengen resultieren vermutlich aus einer Reaktion zwischen den weniger stabil adsorbierten Monodentat-Carbonaten mit MeOH. Da unter den vorliegenden Bedingungen gemäß DRIFTS auch nur wenige Carbonate gebildet werden, kann dieser Weg nicht der Hauptbildungsweg zum DMC sein, aber eine mögliche Nebenreaktion.

4.3 Der Mechanismus der oxidativen Carbonylierung von MeOH

Aus den bisher dargestellten experimentellen Befunden ergeben sich folgende Fakten:

1. MeOH und CO adsorbieren am selben Cu-Zentum.
2. CO ist für die DMC-Bildung notwendig, während zusätzlicher Sauerstoff nicht erforderlich ist.
3. Die MMC-Spezies, charakterisiert durch die $\nu_{as}(OCO)$-Bande bei 1640 cm^{-1}, nehmen nicht an der Reaktion teil.

Basierend auf diesen Ergebnissen stellt sich die Frage, über welche Intermediate DMC gebildet wird. King[9] und Romano et al.[22] diskutieren die Bildung einer Carbomethoxy-Spezies, während Zhang und Bell[10] eine Monomethylcarbonat-Spezies als Intermediat beschreiben. Beide Intermediate führen durch anschließende Reaktion mit Methanol zu DMC.

Die von King beschriebene Carbomethoxy-Spezies soll durch Insertion von CO in die Methoxide entstehen. Er identifizierte diese Spezies nur über eine intensive Bande bei 1333 cm^{-1}, da diese bei MeOH-Dosierung abnahm. Weitere Referenzen bezüglich dieser Bande konnten nicht gefunden werden, so dass diese Zuordnung fragwürdig erscheint. Wir konnten eine derartige Bande nicht nachweisen.

Zhang und Bell vermuteten ebenfalls eine MMC-Spezies als Intermediat, deren Bildung aber nur oberflächlich erwähnt wird. Sie vermuten einen Eley-Rideal-Mechanismus zwischen adsorbierter Methoxy-Spezies als Intermediat und CO aus der Gasphase, ohne zusätzlichen Oxidationsschritt. Stark adsorbierte Bidentat-MMC-Spezies, wie bei unseren Untersuchungen, traten bei ihnen nicht auf.

4.3.1 MMC-Bildung

Basierend auf den experimentellen Untersuchungen adsorbiert Methanol als Methoxy-Spezies zusammen mit CO an demselben Cu-Zentrum. Die Reaktion zu Monomethylcarbonat kann nur über einen Oxidationsschritt erfolgen. Der dafür notwendige Sauerstoff liegt im Falle des 13CuY-Katalysators benachbart vor, so dass die Reaktion zu MMC stattfinden kann (Schema 4-9).

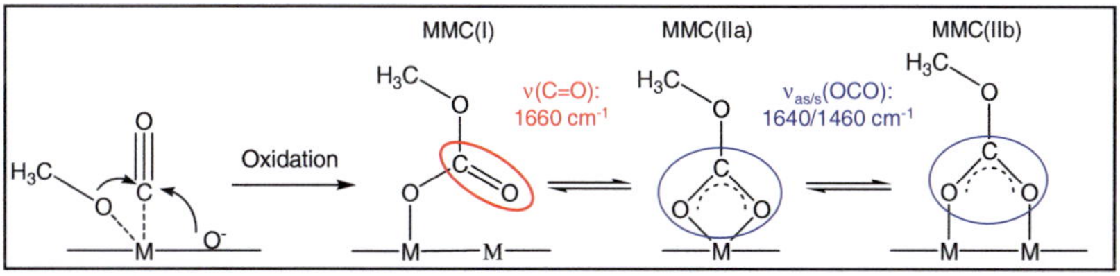

Schema 4-9 Bildung von MMC an 13CuY durch Wechselwirkung von Methoxy-Spezies, adsorbiertem CO und Gittersauerstoff.

Liegt diese Spezies als Monodentat-MMC(I) vor, müsste die intakte Carbonylgruppe eine Bande um 1660 cm^{-1} verursachen,[10] die wir bei unseren Experimenten aber nicht beobachtet haben. Stattdessen trat nur die Bande um 1640 cm^{-1} auf, die der O–C–O-Gruppierung von Bidentat-MMC(II)-Spezies entspricht. Die entsprechende ν_s(OCO)-Bande bei 1460 cm^{-1} wird von der Methoxid-Bande überlagert. Die Bidentat-MMC(II)-Spezies sind aber kein Intermediat in der DMC-Bildung, da bei den Isotopenaustausch-Experimenten (MeOH/^{12}CO auf

MeOH/^{13}CO) zwar ^{13}C-haltiges DMC auftrat, die Bildung von ^{13}C-haltigem Bidentat-MMC(II) jedoch ausgeschlossen werden konnte, was auf eine für die katalytische Reaktion inaktive Spezies hinweist. Die Adsorption als stabile Bidentat MMC(II)-Spezies ist offenbar dann begünstigt, wenn benachbarte Oxidionen vorliegen wie z. B. in CuO_x-Agglomeraten.

Der Katalysator selber wird durch die MMC-Bildung teilweise reduziert. Ist Gasphasensauerstoff anwesend, so erfolgt die Re-Oxidation des Katalysators entsprechend dem Mars-van-Krevelen-Mechanismus.

4.3.2 DMC-Bildung

Bezüglich weiterer Reaktionen mit MeOH kann nur die MMC(I)-Spezies über eine Donor-Akzeptor-Wechselwirkung zwischen dem positivierten Carbonyl-C-Atom und dem partiell negativ geladenen MeOH-Sauerstoff reagieren (Schema 4-10). Der Wasserstoff der methanolischen OH-Gruppe wechselwirkt dabei mit dem Sauerstoff des Katalysators. Im Ergebnis entsteht DMC, während eine Hydroxylgruppe an der Oberfläche zurückbleibt.

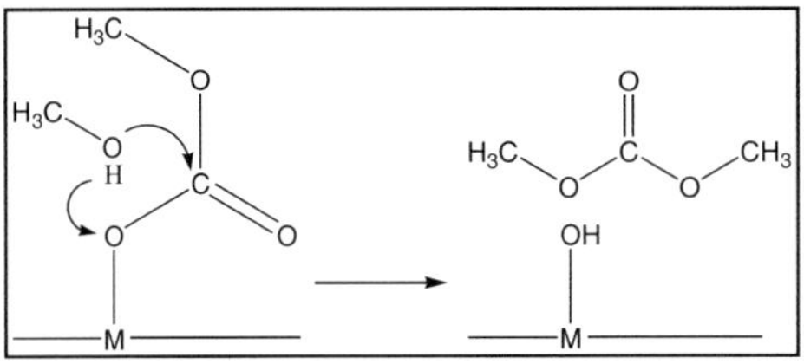

Schema 4-10 DMC-Bildung über ein Monodentat-MMC-Intermediat.

Diese Mechanismus-Vorstellung ist vergleichbar mit dem von Lamotte et al.[132] beschriebenen Mechanismus für die Reaktion verschiedener Methoxy-Strukturen an ThO_2 und CeO_2 mit CO_2. Sie fanden heraus, dass nur die Monodentat-Methoxy-Spezies in der Lage sind, mit CO_2 zu interagieren. Da die Reaktion der MMC(I)-Spezies mit MeOH offenbar sehr schnell erfolgt, sind die MMC(I)-Spezies als Intermediate spektroskopisch nicht detektierbar.

Zusätzliche Argumente für die Bandenzuordnung bezüglich der MMC(II)-Spezies und des vorgeschlagenen Mechanismus lieferten Experimente, bei denen MeOH/$^{12}CO/O_2$ und MeOH/$^{13}CO/O_2$ jeweils über einen frischen Katalysator (ohne vorherige Reaktion) dosiert wurden. Die entsprechenden DRIFT-Spektren sind in Abb. 4-26 gezeigt.

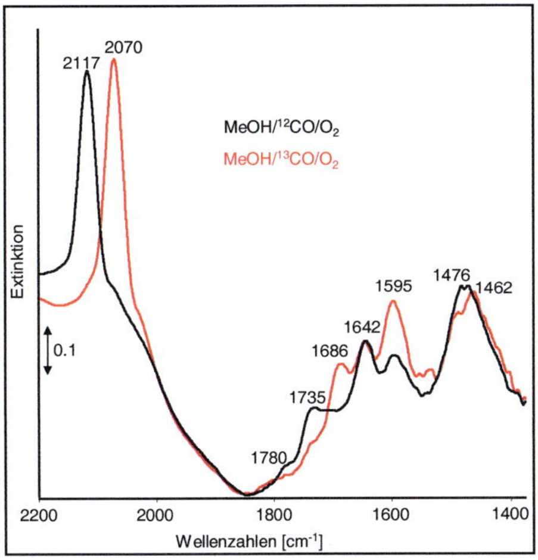

Abb. 4-26: DRIFT-Spektren nach 120 min MeOH/$^{12}CO/O_2$/He und MeOH/$^{13}CO/O_2$/Ne/He-Dosierung (4,8 Vol.% MeOH; 2,4 Vol.% CO; 1,2 Vol.% O_2 und 0,2 Vol.% Ne) über einen frischen 13CuY bei 150°C.

Neben den erwarteten unterschiedlichen Bandenpositionen der Cu(I)–CO-Bande und der ν(C=O)-Bande von adsorbiertem DMC fällt auf, dass die Intensitätsverhältnisse der Banden bei 1642 cm^{-1} und bei 1595 cm^{-1} in Abhängigkeit vom CO-Isotopomer im Feed unterschiedlich waren. So ist bei Dosierung des ^{13}CO-haltigen Reaktionsgasgemisches die Bande um 1595 cm^{-1} intensiver als die Bande um 1642 cm^{-1}, während das Verhältnis unter dem ^{12}CO-haltigen Feed umgekehrt war. Dies weist darauf hin, dass beide Banden zusammengehören und aus einer Spezies resultieren, an deren Bildung CO beteiligt ist.

Bezüglich der Bande um 1642 cm^{-1} wurde eine antisymmetrische OCO-Valenzschwingung von Bidentat-MMC vermutet, deren entsprechende symmetrische OCO-Valenzschwingung von den Methoxy-Banden um 1460 cm^{-1} überlagert wird. Die bei Dosierung des ^{13}CO-haltigen Feeds auftretende ungewöhnlich intensive Bande bei 1595 cm^{-1} wird normalerweise der ν_{as}(OCO) von Formiat-Spezies zugeordnet. Nach Abzug des „Formiat-Anteils", abgeschätzt aus der beobachteten Intensität der Bande unter ^{12}CO-haltigen Feed, verbleibt noch eine deutliche Restintensität. Die Differenz zwischen den beiden Banden bei 1460 und 1595 cm^{-1} beträgt 47 cm^{-1} und entspricht damit der Differenz zwischen einer ν_{as}(O^{12}CO)-Bande und einer ν_{as}(O^{13}CO)-Bande:

$$(\nu_{(^{16}O-^{13}C-^{16}O)} = 0{,}972\ \nu_{(^{16}O-^{12}C-^{16}O)})$$

Damit kann die Bande um 1642 cm^{-1} zweifellos einer ν_{as}(O^{12}CO) von Bidentat-MMC zugeordnet werden, deren analoge ν_{as}(O^{13}CO)-Bande bei 1595 cm^{-1} mit der Formiatbande zusammenfällt.

Nach dem vorgeschlagenen Mechanismus sind für den Oxidationsschritt zu dem MMC-Intermediat von DMC Sauerstoffanionen außerhalb des Zeolithgitters in Form von CuO_x-

Spezies zwingend erforderlich. Katalysatoren ohne diese Spezies gelten als inaktiv bezüglich der DMC-Bildung, wie auch die katalytischen Tests an 4CuY (Kapitel 3.8) zeigten. Die vergleichenden DRIFT- und UV-Vis-DR-Spektren von 4CuY und 13CuY bei MeOH/CO/O_2-Dosierung (Abb. 4-27) sowie die resultierenden Produkte (Abb. 4-28) verdeutlichen die unterschiedliche „Arbeitsweise" der Katalysatoren.

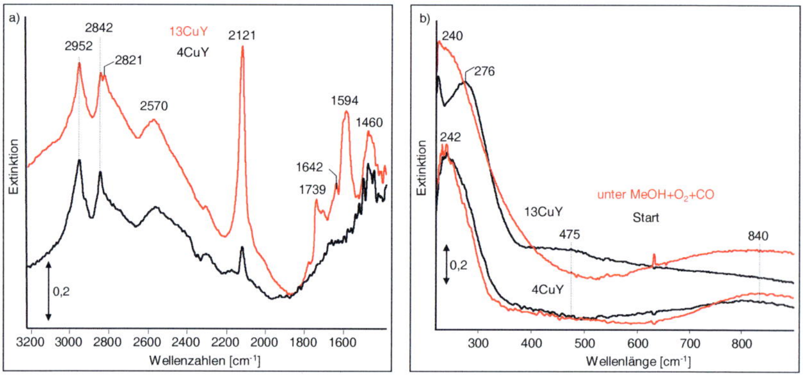

Abb. 4-27 a) DRIFT-Spektren von 4CuY und 13CuY nach 120 min MeOH/CO/O_2/He-Dosierung bei 150°C. b) UV-Vis-DR-Spektren von 4CuY und 13CuY vor und nach 120 min MeOH/CO/O_2/He-Dosierung bei 150°C (5,1 Vol.% MeOH; 2,5 Vol.% CO; 1,2 Vol.% O_2).

Wie bereits bei der Einzeladsorption von MeOH und CO in Abhängigkeit des Cu–Gehaltes (Kapitel 3.6, 4.2.4 und 4.2.5) gezeigt wurde, adsorbiert MeOH als Methoxy-Spezies bevorzugt an Cu^+- sowie an Cu^{2+}-Zentren und CO nur an Cu^+-Zentren. Beim Vergleich der Intensitäten der Cu^+-CO-Bande wird deutlich, dass an Katalysatoren mit hohem Kupfergehalt wesentlich mehr CO adsorbiert ist als an 4CuY. Für die Bildung von DMC nach dem vorgeschlagenen Mechanismus ist aber adsorbiertes CO zwingend erforderlich, so dass hohe Cu^+-Gehalte von Vorteil sind.

Die höhere Oxidationskraft der Katalysatoren mit hohem Kupfergehalt im Vergleich zu Katalysatoren mit geringen Kupfergehalten wird auch hier durch die Bildung von Formiat-, MMC- und carbonylhaltigen Spezies, charakterisiert durch die ν_{as}(OCO)-Banden (1594 cm^{-1}, 1642 cm^{-1}) und die ν(C=O)-Bande (1739 cm^{-1}), deutlich. Der Vergleich der UV-Vis-DR-Spektren beider Katalysatoren vor der Reaktion und während der MeOH/CO/O_2-Dosierung zeigt, dass die höhere Oxidationskraft aus den CuO_x-Spezies an 13CuY resultiert, deren typischen CT- und IVCT-Banden (400 – 550 nm) im Verlauf der Reaktion abnehmen. Der Katalysator 4CuY zeigt bis auf leichte Veränderungen der Koordinationsphäre durch Adsorbatbildung (Zunahme der Banden um 800 nm sowie Intensitätszunahme und Verschiebung der CT-Bande von 250 zu 240 nm) keine Veränderungen in den UV-Vis-DR-Spektren.

Der zeitliche Verlauf der charakteristischen Fragmente von DMC, MF und DMM ist in Abb. 4-28 dargestellt.

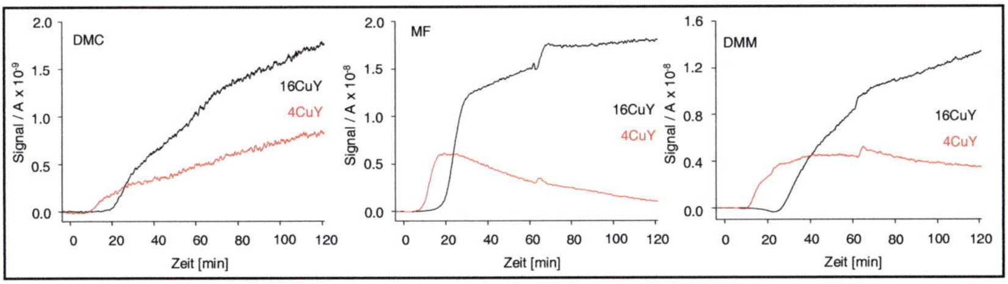

Abb. 4-28 MS-Nettosignalintensitäten von DMC, MF und DMM mit der Zeit während der MeOH/CO/$^{18}O_2$-Dosierung und Umschalten auf MeOH/CO/$^{16}O_2$-Dosierung nach 60 Minuten.

Die erhöhte Bildung der Produkte DMC, MF und DMM an 13CuY im Vergleich zu 4CuY (Abb. 4-28) weist auf bevorzugte Oxidations- und Oxocarbonylierungsreaktionen hin, während laut den katalytischen Tests an 4CuY überwiegend Dehydratisierungsreaktionen zu DME, katalysiert durch restliche Brønsted-azide Zentren (Kapitel 3.7) ablaufen. An 4CuY werden auch geringe Mengen des gewünschten Produktes DMC nachgewiesen, obwohl das vermutete MMC-Intermediat DRIFT-spektroskopisch nicht nachgewiesen wurde. Offenbar existiert hier noch ein zweiter Weg, der über die CO-Addition an eine Di-Methoxy-Spezies verläuft, wie von Zhang und Bell[10] vorgeschlagen wurde. Dieser Weg spielt aber in unseren Experimenten nur eine untergeordnete Rolle, da nur wenig DMC an 4CuY gebildet wird.

Im Unterschied zu King[9] sowie Zhang und Bell[10] wurden in dieser Arbeit Katalysatoren verwendet, deren Herstellung einerseits ohne großen Aufwand möglich ist und die andererseits CuCl-frei sind. Bedingt durch die Herstellung enthalten die in dieser Arbeit verwendeten Katalysatoren mit hohem Kupfergehalt CuO_x-Spezies, die zwar unselektive Oxidationsreaktionen fördern, aber auch zum gewünschten Produkt DMC führen und die deshalb als aktive Spezies identifiziert wurden. Es ist anzunehmen, dass die Katalysatoren von King[9] sowie Zhang und Bell[10] keine CuO_x-Spezies enthalten, allerdings fehlen genaue Untersuchungen und entsprechende Charakterisierungen bezüglich derartiger Spezies. Trotzdem sind diese Katalysatoren aktiv für die DMC-Bildung. Da in beiden Veröffentlichungen MMC-Spezies beschrieben sind, ist anzunehmen, dass auch bei diesen Katalysatoren die MMC-Spezies eine Rolle spielen. Der für den Oxidationsschritt notwendige Sauerstoff kann eigentlich nur aus der Gasphase stammen.

4.4 Zusammenfassung

Um eine genaue Kenntnis zum Ablauf der oxidativen Carbonylierungsreaktion zu erhalten, wurde eine neue Methodenkombination bestehend aus DRIFT-Spektroskopie, UV-Vis-DR-Spektroskopie und Massenspektrometrie entwickelt und erprobt. Damit waren Informationen bezüglich der an der Katalysatoroberfläche adsorbierten Spezies und ihrer Veränderungen sowie Veränderungen von Oxidationszustand und Koordinationssphäre der Cu-Spezies unter Reaktionsbedingungen bei gleichzeitiger Analyse der gasförmigen Produkte zeitnah und simultan zugänglich. Untersuchungen unter SSITKA-Bedingungen erlaubten zusätzliche Differenzierungen. Durch den Wechsel zwischen normaler und isotopenmarkierter Edukt-Gasmischung (^{13}CO und $^{18}O_2$) nach Erreichen eines stationären Zustandes des Katalysators und Verfolgung des transienten Verlaufs des Isotopenaustauschs in Edukten und Produkten gelang es, zwischen aktiven und inaktiven Spezies sowie zwischen selektiven und unselektiven Reaktionswegen zu unterscheiden. Durch den Einsatz dieser Operando-Techniken wurden die Wechselwirkungen der Reaktanden mit dem Katalysator untersucht und die spezifische Rolle der verschiedenen Reaktanden in der entsprechenden Reaktion aufgeklärt. Die wesentlichen Erkenntnisse sind im Folgenden zusammengefasst.

- MeOH adsorbiert vorrangig an Lewis-aziden Cu^+-Zentren und bildet unter Dissoziation stabile Methoxy-Spezies ohne die zusätzliche Einbeziehung von Sauerstoff aus der Gasphase.
- Sowohl die Methoxy-Spezies als auch CO sind am selben Cu^+-Zentrum fixiert.
- Wenn benachbarter oxidischer Sauerstoff vorhanden ist, dann erfolgt eine Wechselwirkung der Methoxy-Spezies mit adsorbiertem CO, die über einen Oxidationsschritt zu Monomethylcarbonat-Spezies (MMC) führt.
- Der dafür erforderliche Oxidationsschritt erfolgt unter Beteiligung von Gittersauerstoff welcher von CuO_x-Spezies bereitgestellt wird. Der dabei partiell reduzierte Katalysator wird durch Gasphasensauerstoff wieder re-oxidiert (Mars-van-Krevelen-Mechanismus).
- Die gebildeten MMC-Spezies liegen in Form von Monodentat-MMC(I) oder Bidentat-MMC(II) adsorbiert vor, wobei nur die erst genannten die intermediäre Spezies zum DMC darstellen und mit MeOH aus der Gasphase zu DMC weiterreagieren.
- Die Reaktion der MMC(I)-Spezies mit MeOH erfolgt sehr schnell, so dass das Intermediat spektroskopisch nicht detektiert werden kann.

- Das Produkt DMC ist vorwiegend in der Gasphase nachweisbar.
- Für eine ausreichende Fixierung von CO sind hohe Cu^+-Gehalte unbedingt notwendig.
- Stabile Bidentat-MMC–Spezies werden auch bei Einzeladsorption von MeOH an CuY mit hohem Kupfergehalt nachgewiesen und resultieren in diesem Fall aus der Wechselwirkung von MeOH mit CO_2, das durch unselektive MeOH-Oxidation gebildet wird.
- Auf der Katalysatoroberfläche sind die durch Oxidationsreaktionen gebildeten Carbonat- und Formiat-Spezies an Cu^{2+}-Zentren adsorbiert, während die Produkte DMC, MF, DMM und CO_2 vorwiegend in der Gasphase nachweisbar sind.
- Die Produkte MF und DMM resultieren hauptsächlich aus unselektiven Oxidationsreaktionen von MeOH, während CO_2 bevorzugt durch die Oxidation von CO, aber auch durch Totaloxidation von MeOH entsteht.
- An CuY-Katalysatoren mit hoher Cu-Beladung werden bei simultaner Adsorption von MeOH und CO sowohl mit als auch ohne Gasphasensauerstoff Oxidationsprodukte gebildet.
- Mittels UV-Vis-DR-Spektroskopie wurde die Beteiligung der CuO_x-Spezies an den Oxidationsreaktionen nachgewiesen.
- Durch den Einsatz von $^{18}O_2$ konnte gezeigt werden, dass Gitter- und Gasphasensauerstoff in unterschiedliche Stufen der MeOH-Oxidation einbezogen werden.
- Auch CO wird durch Gittersauerstoff teilweise zu CO_2 oxidiert.
- Während Gittersauerstoff aus CuO_x-Spezies einerseits in der DMC-Bildung involviert ist, begünstigt er jedoch andererseits vor allem bei höheren Reaktionstemperaturen (> 150°C) unselektive Oxidationsreaktionen.
- Ein sehr geringer Sauerstoffanteil im Eduktgemisch und Temperaturen um 130°C sind vorteilhaft für die selektive DMC-Bildung.

Zusammengefasst erfolgt die DMC-Bildung in einer konzertierten Aktion von adsorbiertem Methoxid und CO sowie MeOH aus der Gasphase über Monodentat-MMC als Intermediat. Der erforderliche Oxidationsschritt für die MMC-Bildung erfolgt unter Beteiligung von Gittersauerstoff, der von CuO_x-Spezies bereitgestellt wird. Der dabei partiell reduzierte Katalysator wird dann durch Gasphasensauerstoff re-oxidiert (Mars-van-Krevelen-Mechanismus).

5 Schlussfolgerung

Die wesentlichen Schritte der oxidativen Carbonylierung von Methanol zu Dimethylcarbonat (DMC) an Cu-haltigen Faujasit-Katalysatoren (Zeolith Y) konnten mit Hilfe einer neu entwickelten *operando* DRIFTS/UV-Vis-DRS/MS Methodenkopplung geklärt werden. Die Untersuchungen erfolgten vergleichbar zu katalytischen Standardtests unter Strömungsbedingungen bei Normaldruck.

Insbesondere die IR-spektroskopischen in situ Untersuchungen des Katalysators mit simultaner on-line Produktanalyse waren von unschätzbarem Wert. Durch den Nachweis von Produkten, die nicht auf der Katalysatoroberfläche adsorbieren und daher spektroskopisch nicht detektierbar sind, gelingt es, die Befunde von Adsorbat- und Produktbildung zu korrelieren und damit ein umfassendes und realistisches Bild von der katalytischen Reaktion zu erhalten. Tribut an der Aussagefähigkeit musste jedoch der geringen Konzentration der Gasphasenkomponenten nach der Reaktion gezollt werden. Bedingt durch die apparativ limitierten niedrigen Probenmengen und den im Verhältnis zur Probenmenge relativ hohen Gasvolumenströmen war die massenspektrometrische Analyse z. T. schwierig.

Die wesentlichen Erkenntnisse zum Reaktionsablauf wurden aber erst mit Hilfe der operando DRIFTS/MS-Messungen unter SSITKA-Bedingungen gewonnen. Durch den Wechsel zwischen normaler und isotopenmarkierter Edukt-Gasmischung nach Erreichen eines stationären Zustandes des Katalysators und Verfolgung des transienten Verlaufs des Isotopenaustauschs in Edukten und Produkten war eine Unterscheidung zwischen aktiven und nicht aktiven Reaktionsintermediaten sowie zwischen selektiven und nicht selektiven Reaktionswegen möglich. So konnten Bidentat-MMC-Spezies als Reaktionsintermediat ausgeschlossen und die Monodentat-MMC-Spezies dagegen als aktive Spezies identifiziert werden. Allerdings konnten letztere aufgrund ihrer Kurzlebigkeit spektroskopisch nicht nachgewiesen wurde. Weiterhin konnte durch Einsatz isotopenmarkierten Sauerstoffs gezeigt werden, dass Sauerstoff aus der Gasphase für die DMC-Bildung nicht unbedingt erforderlich ist, sondern nach dem Mars-van-Krevelen-Mechanismus wichtig für die Re-Oxidation des Katalysators ist.

Da die Analyse der Gasphase durch das Massenspektrometer ohne vorherige gaschromatographische oder sonstige Trennung der Gaskomponenten und Produkte erfolgte, ergab sich als weiteres analytisches Problem, dass eine Auswahl charakteristischer Fragment-Peaks für alle Edukte und alle Produkte ohne Überlagerung nicht möglich war. Durch Experimente ohne Katalysator und Referenzmessungen mit reinen Edukten und Produkten konnten schließlich

Fragmentverhältnisse berechnet werden, die eine halbquantitative Analyse der Gaszusammensetzung ermöglichten. Trotzdem stieß die simultane Analyse des Reaktionsgasgemische im MS gerade bei dem Einsatz von isotopenmarkierten Edukten, an die Grenzen der Identifizierungsmöglichkeiten.

Durch die Einbeziehung der UV-Vis-Spektroskopie sollten Koordinations- und Wertigkeitsänderungen der Kupferspezies simultan unter Reaktionsbedingungen verfolgt werden. Dies war durch die Implementierung einer speziell angefertigten extradünnen Hochtemperatur-UV-vis-Reflexionssonde durch das Fenster der Kuppel der DRIFTS-Reaktionszelle möglich. Dadurch konnte vor allem die Beteiligung von CuO_x-Spezies an Oxidationsprozessen nachgewiesen werden. Die mechanistisch entscheidende Fragestellung zur Wertigkeitsänderungen der Cu-Spezies während der Reaktion und in Zusammenhang mit den Adsorbaten auf der Oberfläche und Produkten in Gasphase konnte aber nicht aufgeklärt werden. Zum einen können Cu^+-Spezies neben Cu^{2+} nicht eindeutig identifiziert werden und zum andere beeinflussen die Adsorbate die UV-Vis-Spektren so stark, dass charakteristische Banden der Cu^+/Cu^{2+}-Spezies überlagert werden. Letztendlich gab die Beobachtung der Reaktion durch UV-Vis-DRS nur Informationen über die Veränderung der Koordinations-Sphäre der Cu-Kationen, die in der katalytischen Reaktion involviert sind. Weiterführende Untersuchungen bezüglich des Oxidationszustandes der Cu-Spezies während der Reaktion, sollten mittels in situ ESR-Spektroskopie durchgeführt werden, die sehr empfindlich Cu^{2+}-Spezies anzeigt.

Grundsätzlich stellt die DRIFTS/UV-Vis-DRS/MS-Kombination unter SSITKA-Bedingungen aber ein universell anwendbares Instrumentarium für die Untersuchung heterogenkatalysierter Reaktionen dar, insbesondere für solche, die an übergangsmetallhaltigen Katalysatoren ablaufen. Verbesserungen der in dieser Arbeit entwickelten Methodenkombinationen sind durch niedrigere Gasvolumenströme oder größere Katalysatormengen möglich, wobei letztere apparativ limitiert sind.

Die DMC-Selektivität bei der oxidativen Carbonylierung an kupferhaltigen Y-Zeolithen lässt sich durch Optimierung des Katalysators und der Reaktionsbedingungen entscheidend verbessern. Basierend auf den Ergebnissen sollte der optimale Katalysator einen so hohen Kupfergehalt besitzen, dass keine Brønsted-aziden Zentren vorhanden sind, die die säurekatalysierte Dehydratisierung von MeOH zu DMM begünstigen. Gleichzeitig sollten die Cu-Spezies zum großen Teil als Cu^+-Kationen vorliegen, da diese wichtig für eine ausreichende CO-Fixierung sind. Ein hoher Anteil von adsorbiertem CO ist die unabdingbare Vorraussetzung zur Bildung des Monodentat-MMC-Intermediates und damit entscheidend für hohe DMC Ausbeuten. Die

Anwesenheit geringer Mengen an CuO_x-Spezies bei Überschreiten der Austauschkapazität ist ebenfalls von Vorteil, da diese oxidationsaktiven Sauerstoff enthalten, der die MMC-Bildung fördert. Zu hohe Cu-Gehalte und daraus folgend hohe CuO_x-Anteile sind aber wiederum von Nachteil, da vermehrt inaktive Bidentat-Spezies gebildet werden. Außerdem führen hohe Kupfergehalte zur Bildung von CuO, welches die unselektive MeOH-Oxidation katalysiert. Da zusätzlicher Sauerstoff ebenfalls unselektive Oxidationsreaktionen fördert, sollte nur so wenig Gasphasensauerstoff dosiert werden, wie zur Re-Oxidation des Katalysators notwendig ist. Eine Erhöhung der DMC-Selektivität ist außerdem durch Anwendung niedriger Temperaturen möglich. Zu niedrige Temperaturen führen allerdings wiederum zu geringeren MeOH–Umsätzen und zu einer höheren DMC-Adsorption.

Demnach ist die Optimierung von Reaktionstemperatur, Sauerstoffanteil im Eduktgemisch und Cu-Beladung des Y-Zeolithen eine Voraussetzung für das Erreichen hoher DMC-Selektivitäten.

6 Literatur

1. N. Keller, G. Rebmann and V. Keller, *Journal of Molecular Catalysis A: Chemical*, 2010, **317**, 1-18.
2. P. Tundo, *Pure and Applied Chemistry*, 2001, **73**, 1117-1124.
3. P. Tundo and M. Selva, *Accounts of Chemical Research*, 2002, **35**, 706-716.
4. P. Tundo, *Chemistry Today*, 2004, **22**, 31-34.
5. D. Delledonne, F. Rivetti and U. Romano, *Applied Catalysis A: General*, 2001, **221**, 241-251.
6. Y. Ono, *Applied Catalysis A: General*, 1997, **155**, 133-166.
7. M. A. Pacheco and C. L. Marshall, *Energy & Fuels*, 1997, **11**, 2-29.
8. W.-L. Dai, S.-L. Luo, S.-F. Yin and C.-T. Au, *Applied Catalysis A: General*, 2009, **366**, 2-12.
9. S. T. King, *Journal of Catalysis*, 1996, **161**, 530-538.
10. Y. Zhang and A. T. Bell, *Journal of Catalysis*, 2008, **255**, 153-161.
11. S. A. Anderson and T. W. Root, *Journal of Catalysis*, 2003, **217**, 396-405.
12. Y. Zhang, D. N. Briggs, E. de Smit and A. T. Bell, *Journal of Catalysis*, 2007, **251**, 443-452.
13. I. J. Drake, K. L. Fujdala, A. T. Bell and T. D. Tilley, *Journal of Catalysis*, 2005, **230**, 14-27.
14. S. T. King, *Catalysis Today*, 1997, **33**, 173-182.
15. M. S. Han, B. G. Lee, I. Suh, H. S. Kim, B. S. Ahn and S. I. Hong, *Journal of Molecular Catalysis A: Chemical*, 2001, **170**, 225-234.
16. I. J. Drake, Y. Zhang, D. Briggs, B. Lim, T. Chau and A. T. Bell, *The Journal of Physical Chemistry B*, 2006, **110**, 11654-11664.
17. H. Itoh, Y. Watanabe, K. Mori and H. Umino, *Green Chemistry*, 2003, **5**, 558-562.
18. N. Jardillier, D. Berthomieu, A. Goursot, J. U. Reveles and A. M. Köster, *The Journal of Physical Chemistry B*, 2006, **110**, 18440-18446.
19. L. Frunza, H. Kosslick, S. Frunza and A. Schönhals, *The Journal of Physical Chemistry B*, 2002, **106**, 9191-9194.
20. M. Richter, M. J. G. Fait, R. Eckelt, E. Schreier, M. Schneider, M. M. Pohl and R. Fricke, *Applied Catalysis B: Environmental*, 2007, **73**, 269-281.
21. S. A. Anderson and T. W. Root, *Journal of Molecular Catalysis A: Chemical*, 2004, **220**, 247-255.
22. U. Romano, R. Tesel, M. M. Mauri and P. Rebora, *Industrial & Engineering Chemistry Product Research and Development*, 1980, **19**, 396-403.
23. T. Saegusa, T. Tsuda and K. Isayama, *The Journal of Organic Chemistry*, 1970, **35**, 2976-2978.
24. X. Zheng and A. T. Bell, *The Journal of Physical Chemistry C*, 2008, **112**, 5043-5047.
25. T. Beutel, *Journal of the Chemical Society, Faraday Transactions*, 1998, **94**, 985-993.
26. S. Xie and A. T. Bell, *Catalysis Letters*, 2000, **70**, 137-143.
27. S. A. R. K. Deshmukh, M. v. S. Annaland and J. A. M. Kuipers, *Applied Catalysis A: General*, 2005, **289**, 240-255.
28. M. Richter, M. J. G. Fait, R. Eckelt, M. Schneider, J. Radnik, D. Heidemann and R. Fricke, *Journal of Catalysis*, 2007, **245**, 11-24.
29. J. M. Tatibouët, *Applied Catalysis A: General*, 1997, **148**, 213-252.
30. S. Jiang, J.-S. Hwang, T. Jin, T. Cai, W. Cho, Y. s. Baek and S.-E. Park, *Bulletin of the Korean Chemical Society*, 2004, **25**, 185-189.
31. J. R. B. Gomes and J. A. N. F. Gomes, *Surface Science*, 2001, **471**, 59-70.

32. G. Busca, *Catalysis Today*, 1996, **27**, 457-496.
33. E. Kukulska-Zajac and J. Datka, *The Journal of Physical Chemistry C*, 2007, **111**, 3471-3475.
34. K. Takahashi, N. Takezawa and H. Kobayashi, *Chemistry Letters*, 1983, **12**, 1061-1064.
35. S. Poulston, E. Rowbotham, P. Stone, P. Parlett and M. Bowker, *Catalysis Letters*, 1998, **52**, 63-67.
36. M. O'Brien, A. Beale, S. Jacques and B. Weckhuysen, *Topics in Catalysis*, 2009, **52**, 1400-1409.
37. U. Bentrup, J. Radnik, U. Armbruster, A. Martin, J. Leiterer, F. Emmerling and A. Brückner, *Topics in Catalysis*, 2009, **52**, 1350-1359.
38. A. Bruckner, *Chemical Communications*, 2005, 1761-1763.
39. S. J. Tinnemans, J. G. Mesu, K. Kervinen, T. Visser, T. A. Nijhuis, A. M. Beale, D. E. Keller, A. M. J. van der Eerden and B. M. Weckhuysen, *Catalysis Today*, 2006, **113**, 3-15.
40. U. Bentrup, *Chemical Society Reviews*, 2010, **39**, 4718-4730.
41. F. C. Meunier, *Catalysis Today*, 2010, **155**, 164-171.
42. F. C. Meunier, D. Tibiletti, A. Goguet, D. Reid and R. Burch, *Applied Catalysis A: General*, 2005, **289**, 104-112.
43. D. Tibiletti, A. Goguet, D. Reid, F. C. Meunier and R. Burch, *Catalysis Today*, 2006, **113**, 94-101.
44. F. C. Meunier, in *Catalysis: Volume 22*, The Royal Society of Chemistry, Editon edn., 2010, vol. 22, pp. 94-118.
45. C. M. Kalamaras, G. G. Olympiou and A. M. Efstathiou, *Catalysis Today*, 2008, **138**, 228-234.
46. C. M. Kalamaras, P. Panagiotopoulou, D. I. Kondarides and A. M. Efstathiou, *Journal of Catalysis*, 2009, **264**, 117-129.
47. S. L. Shannon and J. G. Goodwin, *Chemical Reviews*, 1995, **95**, 677-695.
48. D. Tibiletti, F. C. Meunier, A. Goguet, D. Reid, R. Burch, M. Boaro, M. Vicario and A. Trovarelli, *Journal of Catalysis*, 2006, **244**, 183-191.
49. J. Schweicher, A. Bundhoo, A. Frennet, N. Kruse, H. Daly and F. C. Meunier, *The Journal of Physical Chemistry C*, 2010, **114**, 2248-2255.
50. S. H. Ali and J. G. Goodwin, *Journal of Catalysis*, 1998, **176**, 3-13.
51. J. Panpranot, J. G. Goodwin Jr and A. Sayari, *Journal of Catalysis*, 2003, **213**, 78-85.
52. M. W. Balakos and S. S. C. Chuang, *Journal of Catalysis*, 1995, **151**, 253-265.
53. S. Eckle, Y. Denkwitz and R. J. Behm, *Journal of Catalysis*, 2010, **269**, 255-268.
54. E. M. Sadovskaya, A. P. Suknev, L. G. Pinaeva, V. B. Goncharov, B. S. Bal'zhinimaev, C. Chupin and C. Mirodatos, *Journal of Catalysis*, 2001, **201**, 159-168.
55. E. M. Sadovskaya, A. P. Suknev, L. G. Pinaeva, V. B. Goncharov, B. S. Bal'zhinimaev, C. Chupin, J. Pérez-Ramírez and C. Mirodatos, *Journal of Catalysis*, 2004, **225**, 179-189.
56. C. Doornkamp, M. Clement and V. Ponec, *Journal of Catalysis*, 1999, **182**, 390-399.
57. N. Mizuno, H. Mori, K. Mineo and M. Iwamoto, *The Journal of Physical Chemistry B*, 1999, **103**, 10393-10399.
58. J. Nováková, *Catalysis Reviews: Science and Engineering*, 1971, **4**, 77 - 113.
59. J. Nováková and L. Brabec, *Journal of Catalysis*, 1997, **166**, 186-194.
60. T. M. Annesley, *Clin Chem*, 2003, **49**, 1041-1044.
61. E. H. Korte, in *Analytiker-Taschenbuch*, eds. R. Borsdorf, W. Fresenius, H. Günzler, W. Huber, H. Keller, I. Lüderwald, G. Tölg and H. Wisser, Akademie-Verlag, Berlin, Editon edn., 1990, vol. 9, pp. 91 -123.

62. W. Gottwald and G. Wachter, *IR-Spektroskopie für Anwender*, Wiley-VCH, Weinheim; New York; Chichester; Brisbane; Singapore; Toronto, 1997.
63. A. Drochner, M. Symalla and H. Vogel, *Bunsenmagazin*, 2008, **1**, 10-24.
64. H. Budzikiewicz and M. Schäfer, *Massenspektrometrie: Eine Einführung*, 5 edn., Weinheim, 2005.
65. *Gefahrstoffinformationssystem der Deutschen Gesetzlichen Unfallversicherung*, Institut für Arbeitsschutz, 2011.
66. C. Domke, Masterarbeit, Beuth Hochschule für Technik, Berlin, 2009.
67. A. J. Lecloux, in *Catalysis - Science and Technology*, J. R. Anderson, M. Boudart, Berlin, Heidelberg, New York, Editon edn., 1982, vol. 2.
68. R. Allmann, *Röntgenpulverdiffraktometrie, Claustahler Tektonische Hefte*, Verlag Sven von Loga, Köln, 1994.
69. A. Klein, T. Mayer, A. Thissen and W. Jaegermann, *Bunsenmagazin*, 2008, **4**, 124-139.
70. L. Puppe and W. Büchner, *Naturwissenschaften*, 1984, **71**, 192-198.
71. *Powder Diffraction File*, The International Centre for Diffraction Data, 2008.
72. R. C. Weast, *Handbook of Chemistry and Physics*, 58 edn., CRC Press, Cleveland, 1977-1978.
73. R. Pohl, A. Antognini, F. Nez, F. D. Amaro, F. Biraben, J. M. R. Cardoso, D. S. Covita, A. Dax, S. Dhawan, L. M. P. Fernandes, A. Giesen, T. Graf, T. W. Hänsch, P. Indelicato, L. Julien, C.-Y. Kao, P. Knowles, E.-O. Le Bigot, Y.-W. Liu, J. A. M. Lopes, L. Ludhova, C. M. B. Monteiro, F. Mulhauser, T. Nebel, P. Rabinowitz, J. M. F. dos Santos, L. A. Schaller, K. Schuhmann, C. Schwob, D. Taqqu, J. F. C. A. Veloso and F. Kottmann, *Nature*, 2010, **466**, 213-216.
74. J. W. Niemantsverdriet, in *Spectroscopy in Catalysis: An Introduction*, VCH Verlagsgesellschaft, Weinheim, New York, Basel, Cambridge, Tokyo, Editon edn., 1995.
75. *NIST Chemistry WebBook - Standard Reference Database*, National Institute of Standards and Technology, 2009.
76. A. Davydov, *Molecular Spectroscopy of Oxide Catalyst Surfaces*, Wiley, 2003.
77. G. Spoto, A. Zecchina, S. Bordiga, G. Ricchiardi, G. Martra, G. Leofanti and G. Petrini, *Applied Catalysis B: Environmental*, 1994, **3**, 151-172.
78. M. C. N. A. de Carvalho, F. B. Passos and M. Schmal, *Applied Catalysis A: General*, 2000, **193**, 265-276.
79. R. Debnath and S. K. Das, *Chemical Physics Letters*, 1989, **155**, 52-58.
80. S. Bordiga, C. Pazé, G. Berlier, D. Scarano, G. Spoto, A. Zecchina and C. Lamberti, *Catalysis Today*, 2001, **70**, 91-105.
81. S. A. Yashnik, Z. R. Ismagilov and V. F. Anufrienko, *Catalysis Today*, 2005, **110**, 310-322.
82. M. H. Groothaert, K. Lievens, H. Leeman, B. M. Weckhuysen and R. A. Schoonheydt, *Journal of Catalysis*, 2003, **220**, 500-512.
83. M. H. Groothaert, J. A. van Bokhoven, A. A. Battiston, B. M. Weckhuysen and R. A. Schoonheydt, *Journal of the American Chemical Society*, 2003, **125**, 7629-7640.
84. P. J. Smeets, M. H. Groothaert and R. A. Schoonheydt, *Catalysis Today*, 2005, **110**, 303-309.
85. V. G. Shinkarenko and V. F. Anufrienko, *Theoretical and Experimental Chemistry*, 1977, **12**, 400-406.
86. J. C. Conesa and J. Soria, *Journal of the Chemical Society, Faraday Transactions 1: Physical Chemistry in Condensed Phases*, 1979, **75**, 406-422.
87. Y. Itho, S. Nishiyama, S. Tsuruya and M. Masai, *The Journal of Physical Chemistry*, 1994, **98**, 960-967.

88. Y. Teraoka, C. Tai, H. Ogawa, H. Furukawa and S. Kagawa, *Applied Catalysis A: General*, 2000, **200**, 167-176.
89. R. A. Schoonheydt, *Catalysis Reviews*, 1993, **35**, 129-168.
90. H. Praliaud, S. Mikhailenko, Z. Chajar and M. Primet, *Applied Catalysis B: Environmental*, 1998, **16**, 359-374.
91. H. G. Karge and E. Geidel, in *Molecular Sieves - Science and Technology*, eds. H. G. Karge and J. Weitkamp, Springer, Berlin, Heidelberg, Editon edn., 2004, vol. 4, pp. 1-200.
92. J. Sárkány, J. L. d'Itri and W. M. H. Sachtler, *Catalysis Letters*, 1992, **16**, 241-249.
93. Y.-Y. Huang, *Journal of the American Chemical Society*, 1973, **95**, 6636-6640.
94. J. Howard and J. M. Nicol, *Zeolites*, 1988, **8**, 142-150.
95. V. Y. Borovkov and H. G. Karge, *Journal of the Chemical Society, Faraday Transactions*, 1995, **91**, 2035-2039.
96. J. M. Campos-Martín, A. Guerrero-Ruiz and J. L. G. Fierro, *Catalysis Letters*, 1996, **41**, 55-61.
97. H. Miessner, H. Landmesser, N. Jaeger and K. Richter, *Journal of the Chemical Society, Faraday Transactions*, 1997, **93**, 3417-3422.
98. V. M. Rakic, R. V. Hercigonja and V. T. Dondur, *Microporous and Mesoporous Materials*, 1999, **27**, 27-39.
99. A. Dandekar and M. A. Vannice, *Journal of Catalysis*, 1998, **178**, 621-639.
100. J. Engeldinger, C. Domke, M. Richter and U. Bentrup, *Applied Catalysis A: General*, 2010, **382**, 303-311.
101. K. Hadjiivanov and H. Knozinger, *Physical Chemistry Chemical Physics*, 2001, **3**, 1132-1137.
102. G. D. Borgard, S. Molvik, P. Balaraman, T. W. Root and J. A. Dumesic, *Langmuir*, 1995, **11**, 2065-2070.
103. H. Willner and F. Aubke, *Angewandte Chemie*, 1997, **109**, 2506-2530.
104. G. Turnes Palomino, S. Bordiga, A. Zecchina, G. L. Marra and C. Lamberti, *The Journal of Physical Chemistry B*, 2000, **104**, 8641-8651.
105. E. Riedel, *Anorganische Chemie*, 4 edn., de Gruyter, Berlin; New York, 1999.
106. V. Y. Borovkov, M. Jiang and Y. Fu, *The Journal of Physical Chemistry B*, 1999, **103**, 5010-5019.
107. K. I. Hadjiivanov, M. M. Kantcheva and D. G. Klissurski, *Journal of the Chemical Society, Faraday Transactions*, 1996, **92**, 4595-4600.
108. J. Dedecek, Z. Sobalik, Z. Tvaruazkova, D. Kaucky and B. Wichterlova, *The Journal of Physical Chemistry*, 1995, **99**, 16327-16337.
109. J. Valyon and W. K. Hall, *The Journal of Physical Chemistry*, 1993, **97**, 1204-1212.
110. A. Goursot, B. Coq and F. Fajula, *Journal of Catalysis*, 2003, **216**, 324-332.
111. P. Rejmak, M. Sierka and J. Sauer, *Physical Chemistry Chemical Physics*, 2007, **9**, 5446-5456.
112. G. Busca, *Journal of Molecular Catalysis*, 1987, **43**, 225-236.
113. A. A. Davydov and Y. A. Lokhov, *Reaction Kinetics and Catalysis Letters*, 1978, **8**, 47-52.
114. E. Brunner, *Catalysis Today*, 1997, **38**, 361-376.
115. G. Busca, *Catalysis Today*, 1998, **41**, 191-206.
116. G. Busca, *Physical Chemistry Chemical Physics*, 1999, **1**, 723-736.
117. E. P. Parry, *Journal of Catalysis*, 1963, **2**, 371-379.
118. N. Echoufi and P. Gélin, *Catalysis Letters*, 1996, **40**, 249-252.
119. C. M. Naccache and Y. B. Taarit, *Journal of Catalysis*, 1971, **22**, 171-181.
120. S. R. Blaszkowski and R. A. van Santen, *Journal of the American Chemical Society*, 1996, **118**, 5152-5153.

121. L. J. Bellamy, *Ultrarot-Spektrum und chemische Konstitution*, Verlag von DR. Dietrich Steinkopf, Darmstadt, 1955.
122. Y. Fu, H. Zhu and J. Shen, *Thermochimica Acta*, 2005, **434**, 88-92.
123. H. Tschamler and R. Leutner, *Monatshefte für Chemie / Chemical Monthly*, 1952, **83**, 1502-1504.
124. S. Wang, T. Ishihara and Y. Takita, *Applied Catalysis A: General*, 2002, **228**, 167-176.
125. Y. F. Chang, G. A. Somorjai and H. Heinemann, *Journal of Catalysis*, 1995, **154**, 24-32.
126. G. I. Panov, A. S. Kharitonov and V. I. Sobolev, *Applied Catalysis A: General*, 1993, **98**, 1-20.
127. J. Weidlein, U. Müller and K. Dehnicke, *Schwingungsspektroskopie*, Georg Thieme Verlag, Stuttgart, New York, 1982.
128. F. Boccuzzi and A. Chiorino, *The Journal of Physical Chemistry*, 1996, **100**, 3617-3624.
129. R. W. Stevens, R. V. Siriwardane and J. Logan, *Energy & Fuels*, 2008, **22**, 3070-3079.
130. Y. Zhang, I. J. Drake, D. N. Briggs and A. T. Bell, *Journal of Catalysis*, 2006, **244**, 219-229.
131. A. S. S. Pinto, R. Brito de Barros, M. N. D. S. Cordeiro, J. A. N. F. Gomes, A. R. Garcia and L. M. Ilharco, *Surface Science*, 2004, **566-568, Part 2**, 965-970.
132. J. Lamotte, V. Morávek, M. Bensitel and J. C. Lavalley, *Reaction Kinetics and Catalysis Letters*, 1988, **36**, 113-118.
133. M. L. Unland, *The Journal of Physical Chemistry*, 1978, **82**, 580-583.
134. J. Lamotte, O. Saur, J.-C. Lavalley, G. Busca, P. F. Rossi and V. Lorenzelli, *Journal of the Chemical Society, Faraday Transactions 1: Physical Chemistry in Condensed Phases*, 1986, **82**, 3019-3023.
135. M. Bensitel, V. Moraver, J. Lamotte, O. Saur and J.-C. Lavalley, *Spectrochimica Acta Part A: Molecular Spectroscopy*, 1987, **43**, 1487-1491.
136. K. T. Jung and A. T. Bell, *Journal of Catalysis*, 2001, **204**, 339-347.
137. K. Tomishige, Y. Ikeda, T. Sakaihori and K. Fujimoto, *Journal of Catalysis*, 2000, **192**, 355-362.
138. K. Tomishige and K. Kunimori, *Applied Catalysis A: General*, 2002, **237**, 103-109.
139. G. Busca and V. Lorenzelli, *Materials Chemistry*, 1982, **7**, 89-126.
140. R. G. Greenler, *The Journal of Chemical Physics*, 1962, **37**, 2094-2100.
141. J. Engeldinger, M. Richter and U. Bentrup, *Physical Chemistry Chemical Physics*, 2012.
142. E. H. Cordes and H. G. Bull, *Chemical Reviews*, 1974, **74**, 581-603.
143. F. Stasiuk, W. A. Sheppard and A. N. Bourns, *Canadian Journal of Chemistry*, 1956, **34**, 123-127.
144. F. A. Carey and R. J. Sundberg, in *Organische Chemie*, eds. H. Schäfer, J., D. Hoppe and G. Erker, Weinheim, New York, Basel, Cambridge, Tokyo, Editon edn., 1995, p. 425.

7 Anhang

Tab. 7-1 Einwaagen von Kupfernitrat und Zeolith Y.

Kupfergehalt	Masse Cu	Masse Y-Zeolith	Einwaage $Cu(NO_3)_2x3H_2O$	Einwaage Y-Zeolith
[%]	[g]	[g]	[g]	[g]
0	0,0	20	0,00	26,67
2	0,4	19,6	1,52	26,13
4	0,8	19,2	3,04	25,60
6	1,2	18,8	4,56	25,07
8	1,6	18,4	6,08	24,53
10	2,0	18,0	7,60	24,00
12	2,4	17,6	9,12	23,47
14	2,8	17,2	1,65	22,93
16	3,2	16,8	1,17	22,40
18	3,6	16,4	1,69	21,87

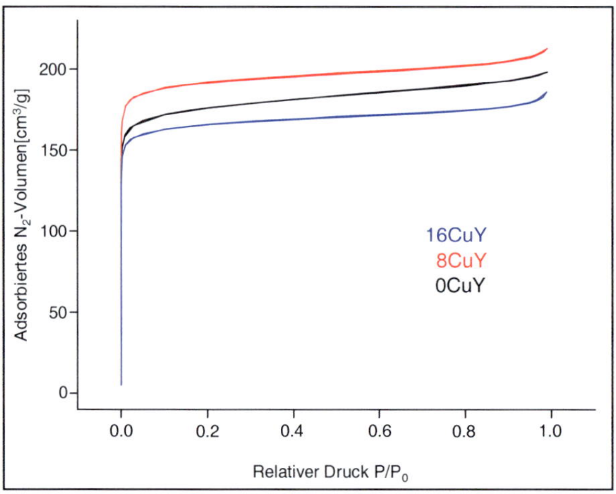

Abb. 7-1 Stickstoffadsorptionsisotherme von 0CuY, 8CuY und 16CuY.

Tab. 7-2 Mittels ESR-Spektroskopie nachgewiesene Cu^{2+}-Mengen und der Cu^{2+}-Anteil am Gesamtkupfergehalt von 4CuY und 16CuY.

Katalysator	nCu^{2+} [mol/g]	$Cu^{2+}/Cu_{ges.}$ [%]
4CuY	$2{,}73 \times 10^{-4}$ - $3{,}28 \times 10^{-4}$	48,40 - 58,14
16CuY	3.26×10^{-4} - 3.66×10^{-4}	12,99 - 14.57

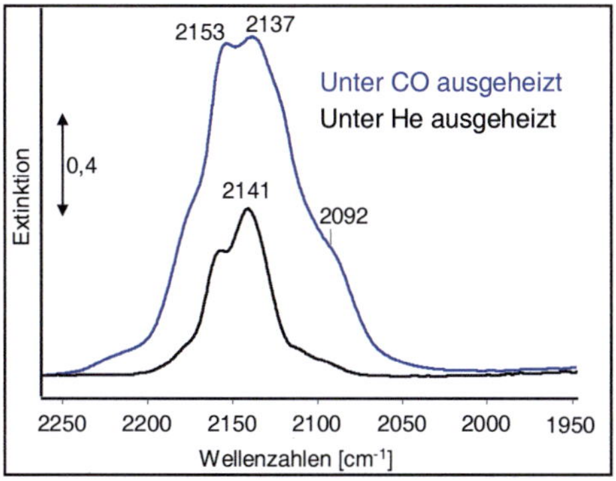

Abb. 7-2 DRIFT-Adsorbatspektren von CO an 13CuY bei 150°C nach reduktiver (CO) und inerter (He) Vorbehandlung.

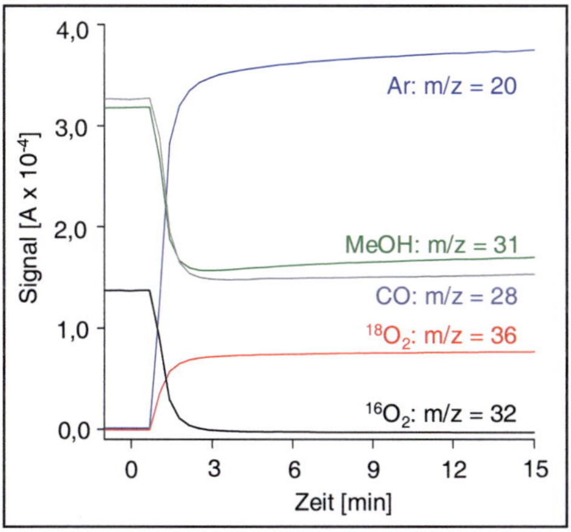

Abb. 7-3 MS-Nettosignalintensitäten bei simultaner Dosierung aller Edukte durch den Reaktor bei 150°C; Austausch von MeOH/CO/$^{16}O_2$ gegen MeOH/CO/$^{18}O_2$/Ar, zum Zeitpunkt t = 0 (mit MeOH: 5,1 Vol.%; CO: 2,5 Vol.%; O_2: 1,25 Vol.%).

Abkürzungsverzeichnis

AC	Aktivkohle
as	Antisymmetrisch
CeO_2	Ceriumoxid
CO	Kohlenmonoxid
CO_2	Kohlendioxid
CT	Charge transfer (Ladungsübergang)
Cu	Kupfer
CuCl	Kupferchlorid
$Cu(NO_3)_2$	Kupfernitrat
CuO	Kupfer(II)oxid
Cu_2O	Kupfer(I)oxid
CuO_x	Oxidische Kupfer-Agglomerate unbekannter Stöchiometrie
CuY	Kupfer-Y-Zeolith
DMC	Dimethylcarbonate
DME	Dimethylether
DMM	Dimethoxymethan
DRIFTS	Diffuse Reflexions Infrarot Fourier-Transformations-Spektroskopie
ESR	Elektronenspinresonanzspektroskopie
FA	Formaldehyd
FTIR	Fourier-Transformations-Infrarot-Spektroskopie
He	Helium
HNO_3	Salpetersäure
I_0	Intensität der Basislinie
I_B	Bruttointensität
I_K	Intensitätsbeitrag einzelner Komponenten
I_M	Intensitätsbeitrag durch Effekte im Massenspektrometer
I_N	Nettointensität
I_R	Restintensität
IR	Infrarot
IVCT	Intervalence charge transfer
LMCT	Ligand to metal charge transfer

MeOH	Methanol
MF	Methylformiat
MMC	Monomethylcarbonat
MS	Massenspektrometrie
Ne	Neon
NH_3	Ammoniak
NH_4^+	Ammoniumionen
NO	Stickstoffmonoxid
O	Sauerstoff
O_2	Sauerstoff, Gasphase
s	Symmetrisch
Si	Silizium
Al	Aluminium
SSITKA	Steady State Isotopic Transient Kinetic Analysis
t	Zeit
T	Temperatur
ThO_2	Thoriumoxid
UV-Vis-DRS	UV-Vis Diffuse Reflexions-Spektroskopie
XPS	Röntgen-Photoelektronen-Spektroskopie
XRD	Röntgendiffraktometrie
ν	Valenzschwingung
δ	Deformationsschwingung
Δ	Differenz

Veröffentlichungen

Publikationen

J. Engeldinger, M. Richter, U. Bentrup
Mechanistic investigations on dimethyl carbonate formation by oxidative carbonylation of methanol over CuY zeolite: An *operando* SSITKA/DRIFTS/MS study
Phys. Chem. Chem. Phys., 2012

D. L. Hoang, T. T. H. Dang, J. Engeldinger, M. Schneider, J. Radnik, M. Richter, A. Martin
TPR investigations on the reducibility of Cu supported on Al_2O_3, zeolite Y and SAPO-5
J. Solid State Chem. 2011, **184**, 1915-1923.

U. Bentrup
Combining *in situ* characterization methods in one set-up: looking with more eyes into the intricate chemistry of the synthesis and working of heterogeneous catalysts
Chem. Soc. Rev., 2010, **39**, 4718 - 4730.

J. Engeldinger, M. Richter, U. Bentrup
Operando-DRIFTS/UV-vis/MS-Untersuchungen zur oxidativen Carbonylierung von Methanol an CuY-Zeolithen
Chem. Ing. Techn. 2010, **82**, No. 9, 1327.

J. Engeldinger, C. Domke, M. Richter, U. Bentrup
Elucidating the role of Cu species in the oxidative carbonylation of methanol to dimethyl carbonate on CuY: An in situ spectroscopic and catalytic study
Appl. Catal. A: General 2010, **382**, 303 - 311.

Vorträge

J. Engeldinger, M. Richter U. Bentrup
Mechanistic investigations of the oxidative carbonylation of methanol to dimethyl carbonate over CuY zeolite: An operando DRIFTS/UV-vis-DRS/MS study
EuropaCat X, Glasgow 2011

J. Engeldinger, M. Richter, U. Bentrup

Operando DRIFTS/UV-vis/MS studies of oxidative carbonylation of methanol over CuY-Zeolites

Spectroscopy – Detective in Science, Rostock 2011

Jana Engeldinger

Oxidative carbonylation of methanol to dimethylcarbonate on CuY zeolites: An operando DRIFTS/UV-vis/MS study

Coloquio del grupo académico "Química Fisica Básica y Aplicada", Benemerita Universidad Autonoma de Puebla, Puebla (Mexiko) 2010

J. Engeldinger, M. Richter, U. Bentrup,

Operando DRIFTS/UV-vis/MS Untersuchungen zur oxidativen Carbonylierung von Methanol an CuY-Zeolithen

Processnet-Jahrestagung und 28. DECHEMA-Jahrestagung der Biotechnologen, Aachen 2010

Poster

J. Engeldinger, C. Domke, M. Richter, U. Bentrup

Getting insight into mechanism and role of Cu species in the oxidative carbonylation of methanol to dimethyl carbonate on CuY zeolites using in situ and operando spectroscopic methods

COPS, Dresden, 2011

J. Engeldinger, M. Richter, U. Bentrup

Neue Operando-spektroskopische Methodenkopplung mit DRIFTS/UV-vis/MS zur Untersuchung der Oxocarbonylierung von Methanol an CuY

13. Norddeutsches Doktorandenkolloquium, Greifswald 2010

J. Engeldinger, C. Domke, U. Bentrup, M. Richter

Operando DRIFTS/UV-vis/MS Untersuchungen zur oxidativen Carbonylierung von Methanol an CuY-Zeolithen

43. Jahrestreffen Deutscher Katalytiker, Weimar 2010

J. Engeldinger, C. Domke, R. Eckelt, M. Richter, U. Bentrup
Elucidating the role of Cu species in the oxidative carbonylation of methanol to dimethyl carbonate on CuY: An in situ spectroscopic and catalytic study
EuropaCat IX, Salamanca 2009

J. Engeldinger, C. Domke, U. Bentrup, M. Richter
Probing of active Cu centres in CuY zeolite used for the oxidative carbonylation of methanol to dimethyl carbonate. An in situ FTIR spectroscopic study
6th World Congress on Oxidation Catalysis, Lille 2009

J. Engeldinger, C. Domke, U. Bentrup, M. Richter
In situ-FTIR- und DRIFTS/MS-Untersuchungen zur Wechselwirkung von CO und Methanol mit CuY-Zeolithen
42. Jahrestreffen Deutscher Katalytiker, Weimar 2009, Poster

Wissenschaftlicher Lebenslauf

Persönliches

Name:	Jana Engeldinger
Geburtsdatum:	24.07.1980
Geburtsort:	Königs Wusterhausen (Brandenburg)

Ausbildung

10/2010 – 07/2012	Universität Rostock Promotionsstudium
10/2006 – 12/2007	Technische Fachhochschule Berlin Masterstudiengang: Pharma- und Chemietechnik Abschluss: Master of Science
10/2000 – 12/2004	Technische Fachhochschule Berlin Diplomstudiengang: Pharma- und Chemietechnik Abschluss: Diplom-Ingenieurin (FH) für Pharma- und Chemietechnik mit Schwerpunkt Chemietechnik
09/1993 – 06/2000	Friedrich–Schiller–Gymnasium in Königs Wusterhausen Abschluss: Abitur

Berufstätigkeit

12/2007 – 10/2011	Leibniz Institut für Katalyse e.V. an der Universität Rostock Forschungsbereich: Heterogen-katalytische Verfahren, Katalytische in situ-Studien Dissertation: „Mechanistische Untersuchungen zur heterogen-katalysierten oxidativen Carbonylierung von Methanol zu Dimethylcarbonat“

06/2007 – 10/2007	Fachhochschule Magdeburg – Stendal Fachbereich: Ingenieurswissenschaften und Industriedesign Masterarbeit: „Vergleich trägerfixierter Zinkoxid- und Titandioxid-Photokatalysatoren für die Aufbereitung von wirkstoffhaltigen Abwässern“
07/2005 – 08/2006	Fachhochschule Magdeburg – Stendal Fachbereich: Ingenieurswissenschaften und Industriedesign Wissenschaftliche Mitarbeiterin des DBU-Forschungsprojekts: „Photokatalyse zum Abbau von Arzneimittel-Reststoffen in Wasser“
04/2004 – 09/2004	Atotech Deutschland GmbH, Berlin Bereich: Solar Cells Diplomarbeit: „Untersuchungen zum Galliumeinbau bei galvanischen Chalkopyrit Dünnschichtsolarzellen“
09/2001 – 03/2004	Atotech Deutschland GmbH, Berlin Bereich: Solar Cells und organische Synthese Studentische Hilfskraft
10/2002 – 02/2003	Atotech Deutschland GmbH, Berlin Bereich: Analytik Praktikum: „Entwicklung eines Online-Verfahrens zur Bestimmung von Anionen in Chromsäurebädern mittels Ionenchromatographie“

Erklärungen

1. Hiermit versichere ich, dass ich die von mir vorgelegte Arbeit selbstständig angefertigt, die benutzten Quellen und Hilfsmittel vollständig angegeben; keine außer den von mir angegebenen Hilfsmitteln und Quellen dazu verwendet habe und die den benutzten Werken inhaltlich und wörtlich entnommenen Stellen als solche kenntlich gemacht habe.
2. Hiermit erkläre ich, dass ich keine gewerbliche Promotionsvermittlung oder –beratung in Anspruch genommen habe.
3. Ich erkläre hiermit, noch keinen Promotionsversuch an der Universtität Rostock oder an einer anderen Universität unternommen zu haben.

Rostock, den 27. Januar 2012

Jana Engeldinger